国家职业技能等级认定培训教材

国家基本职业培训包教材资源

起重装卸机械操作工

（汽车吊司机）（初级）

本书编审人员

主　编　朱长建

编　者　苏　源　李　戈　赵丽琼　刘　斌

主　审　李晓飞　孙昌元　路建湖

审　稿　罗贤智　朱亚夫　杨前进　黄　平

中国人力资源和社会保障出版集团

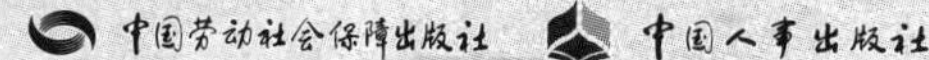

图书在版编目（CIP）数据

起重装卸机械操作工：汽车吊司机：初级 / 人力资源社会保障部教材办公室组织编写. -- 北京：中国劳动社会保障出版社：中国人事出版社，2021

国家职业技能等级认定培训教材　国家基本职业培训包教材资源

ISBN 978-7-5167-5027-8

Ⅰ. ①起…　Ⅱ. ①人…　Ⅲ. ①起重机械 - 操作 - 职业培训 - 教材②装卸机械 - 操作 - 职业培训 - 教材　Ⅳ. ①TH2

中国版本图书馆 CIP 数据核字（2021）第 263844 号

中国劳动社会保障出版社
中 国 人 事 出 版 社 **出版发行**

（北京市惠新东街 1 号　邮政编码：100029）

*

三河市华骏印务包装有限公司印刷装订　新华书店经销

787 毫米 ×1092 毫米　16 开本　10 印张　163 千字

2021 年 12 月第 1 版　2021 年 12 月第 1 次印刷

定价：28.00 元

读者服务部电话：（010）64929211/84209101/64921644

营销中心电话：（010）64962347

出版社网址：http://www.class.com.cn

前　言

为加快建立劳动者终身职业技能培训制度，全面推行职业技能等级制度，推进技能人才评价制度改革，促进国家基本职业培训包制度与职业技能等级认定制度的有效衔接，进一步规范培训管理，提高培训质量，人力资源社会保障部教材办公室组织有关专家在《起重装卸机械操作工国家职业技能标准（2018 年版）》（以下简称《标准》）和国家基本职业培训包（以下简称培训包）制定工作基础上，编写了起重装卸机械操作工（汽车吊司机）国家职业技能等级认定培训系列教材（以下简称等级教材）。

起重装卸机械操作工（汽车吊司机）等级教材紧贴《标准》和培训包要求编写，内容上突出职业能力优先的编写原则，结构上按照职业功能模块分级别编写。该等级教材共包括《起重装卸机械操作工（汽车吊司机）（基础知识）》《起重装卸机械操作工（汽车吊司机）（初级）》《起重装卸机械操作工（汽车吊司机）（中级）》《起重装卸机械操作工（汽车吊司机）（高级）》4 本。《起重装卸机械操作工（汽车吊司机）（基础知识）》是各级别起重装卸机械操作工（汽车吊司机）均需掌握的基础知识，其他各级别教材内容分别包括各级别起重装卸机械操作工（汽车吊司机）应掌握的理论知识和操作技能。

本书是起重装卸机械操作工（汽车吊司机）等级教材中的一本，是职业技能等级认定推荐教材，也是职业技能等级认定题库开发的重要依据，已纳入国家基本职业培训包教材资源，适用于职业技能等级认定培训和中短期职业技能培训。

本书在编写过程中得到江苏省人力资源社会保障厅及南京工程学院、徐州重型机械有限公司、中机生产力促进中心、徐州工程机械技师学院等单位的大力支持与协助，在此一并表示衷心感谢。

人力资源社会保障部教材办公室

目 录 CONTENTS

职业模块 1 起重机操作

培训课程 1 环境识别与安全防护

学习单元 1 环境识别

汽车吊通常指能够在公路行驶且具有吊装作业能力的汽车起重机（以下简称起重机），能够操作汽车起重机进行吊装作业且具有相关资质的人员称为汽车吊司机。起重机是冶金、风电、高铁、核电、石化等重大工程施工的关键装备，如图 1-1 所示。汽车吊兼具汽车行驶和吊装作业的功能，是工程机械领域中工况最复杂、施工危险性最大、行驶速度最快、运维管理最困难的产品之一。全球每年都发生多起流动式起重机吊装或行驶的重大事故，其中环境识别不当（如未识别地基不稳、视野被挡、触碰电线等环境因素）是引起汽车吊事故的主要原因之一。

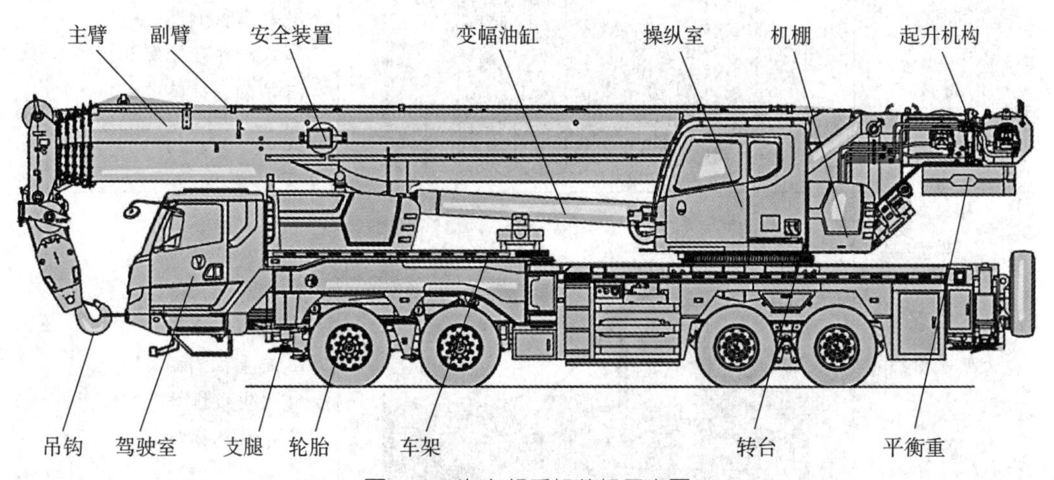

图 1-1 汽车起重机整机示意图

一、识别作业空间危险因素

起重机吊装作业环境复杂（如高压线、天然气管线等），被吊物体多变（如风电扇叶、水泥搅拌罐、树木等）。吊装作业过程中，由于起重机回转、变幅、伸缩臂等，存在起重机与被吊物体、周围环境内物体碰撞的风险，例如，起重机臂头与高压线碰撞、被吊物体与墙体碰撞等，轻者可造成物体损坏，重者则车毁人亡。

吊装作业应关注其作业空间的障碍物，如附近的建筑、其他起重机、车辆、正在进行装卸作业的船只、堆垛的货物、公共交通区域（高速公路、铁路和河流）等。常见空间障碍物及碰撞可能产生的后果见表 1–1。

表 1–1　常见空间障碍物及碰撞可能产生的后果

空间障碍物	图示	碰撞可能产生的后果
高架电线		①电力供给中断 ②起重机起火 ③起重机倒塌 ④人触电 ⑤吊装物体坠落
蒸气管线		①蒸气供给中断 ②热蒸气泄漏 ③起重机倒塌 ④人受热眩晕或烫伤 ⑤吊装物体坠落
天然气管线		①天然气供给中断 ②天然气泄漏 ③起重机倒塌 ④火灾或爆炸 ⑤吊装物体坠落

续表

空间障碍物	图示	碰撞可能产生的后果
架空水管		①供水中断 ②水泄漏 ③起重机倒塌 ④吊装物体坠落
电话线		①通信线路断开 ②起重机倒塌 ③吊装物体坠落

相关链接

起重机触电处理方法

如果起重机触碰了带电电线或电缆，人员不要离开操纵室，并须警告所有其他人员远离起重机，不要触碰起重机、绳索或物品的任何部位。在没有任何人员接近起重机的情况下，司机应尝试独立开动起重机直到带电电线或电缆与起重机脱离。如果不能开动起重机，司机应留在操纵室内，设法立即通知供电部门，在未确认处于安全状态之前，不要采取任何行动。如果由于触电引起火灾或者其他危险，司机应离开操纵室，要尽可能跳离起重机，人体部位不要同时接触起重机和地面，立刻通知对工程负有相关责任的工程师或现场有关的管理人员。在获取帮助之前，应有人留在起重机附近，以警示危险情况。

二、识别作业地面危险因素

作业地面需为起重机作业提供支撑，应保证有足够的空间和稳定性。常见的地面危险因素如下。

1. 地面支撑风险

起重机安全作业的最重要条件是将起重机支设在坚实、水平的地面上，以保障作业时支撑面不下沉。如果起重机支撑不好，可能造成起重机倒塌、倾翻及重物坠落等风险。以下地面看似结实，实际上其内部状态不足以支撑起重机和载荷的重量，应尽量避免以其作为支撑面。

（1）简易铺设的路面。

（2）人行道或其他用石块铺设的地面。

（3）挖掘后经过回填的场地。

（4）填埋的土地。

（5）路肩和挖坑附近的场地。

（6）地下有管线、洞穴等不实地面。

2. 地面障碍物碰撞风险

起重机在吊装地面上作业时，要求作业空间开阔，远离墙壁、水塔、树木、信号发射塔等障碍物，既要防止在起重机回转、变幅、伸缩和起升时，起重机、吊装物体与障碍物发生碰撞，又要防止障碍物阻挡汽车吊司机的视野。常见地面障碍物及碰撞可能产生的后果见表 1–2。

表 1–2　常见地面障碍物及碰撞可能产生的后果

地面障碍物	图示	碰撞可能产生的后果
墙壁		①墙体破坏 ②起重机倒塌 ③吊装物体坠落 ④人员受伤

续表

地面障碍物	图示	碰撞可能产生的后果
水塔		①水塔倾倒 ②水泄漏 ③起重机倒塌 ④吊装物体坠落 ⑤人员受伤
树木		①树木折断 ②起重机倒塌 ③人员受伤 ④吊装物体坠落
塔吊		①塔吊倒塌 ②建筑物破坏 ③起重机倒塌 ④人员受伤 ⑤吊装物体坠落
起重机		①被碰起重机倒塌 ②本起重机倒塌 ③吊装物体坠落 ④人员受伤

续表

地面障碍物	图示	碰撞可能产生的后果
信号发射塔		①受电磁辐射干扰起重机动作紊乱 ②信号发射塔倒塌 ③通信中断 ④起重机倒塌 ⑤吊装物体坠落

三、识别常见危险品危险因素

在使用起重机装卸危险品（爆炸品、压缩气体和液化气体、易燃液体、易燃固体、自燃物品和遇湿易燃物品、氧化剂和有机过氧化物、毒害品和腐蚀品等）的过程中，可能因为危险品脱落、碰撞、挤压等引发泄漏、燃烧、爆炸事故，导致人员伤亡和财产损失。常见吊装危险品见表 1–3。

表 1–3　常见吊装危险品

危险品名称	危险品图示	常用标识
燃气瓶	 液化石油气	 易燃易爆 或

续表

危险品名称	危险品图示	常用标识
汽油桶		
乙炔瓶	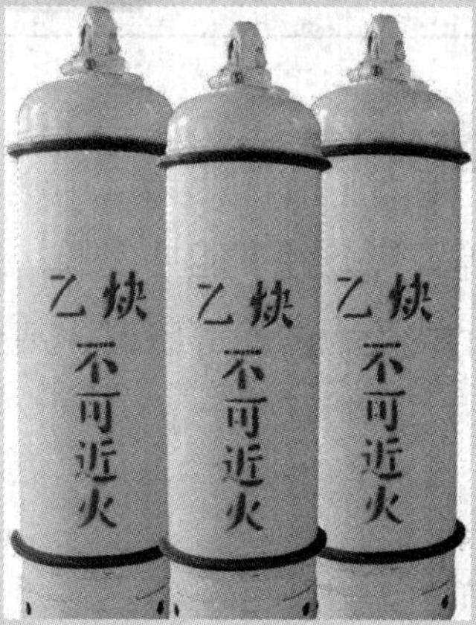 乙炔 不可近火 乙炔 不可近火 乙炔 不可近火	
氢气瓶	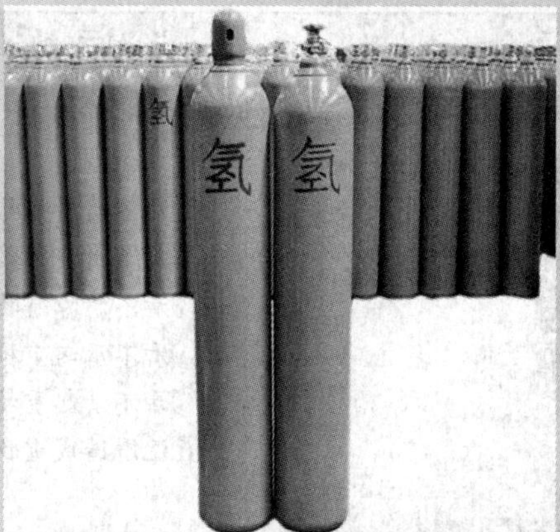 氢 氢 氢	

续表

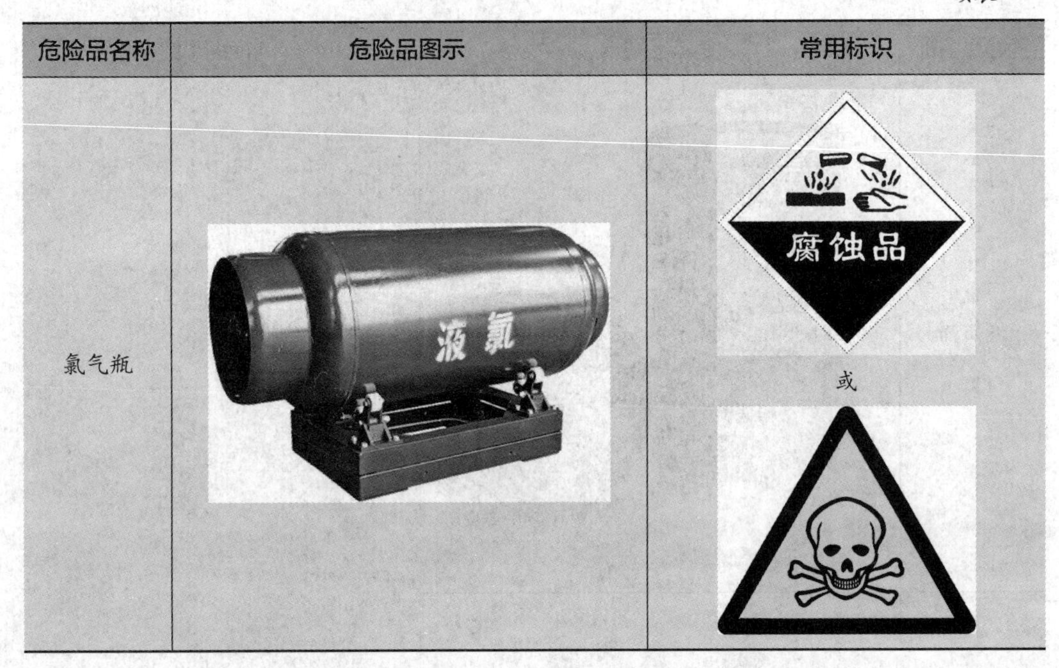

危险品名称	危险品图示	常用标识
氯气瓶	液氯	腐蚀品 或

四、识别作业天气及能见度危险因素

由于在雨、雪、雾、大风、雷电等天气条件下能见度低，汽车吊司机作业中易发生观察不准确、作业速度失控、吊载受力失稳等状况，甚至可能引发起重机倒塌、雷电起火等恶性事故。

1. 常见天气风险

常见特殊天气对吊装作业的影响见表 1–4。

表 1–4　常见特殊天气对吊装作业的影响

常见特殊天气	图示	对吊装作业的影响
雨		①看不清指挥信号 ②听不清指挥信号 ③看不清障碍物 ④看不清起重机姿态 ⑤看不清起重物体 ⑥湿滑造成重物跌落

续表

常见特殊天气	图示	对吊装作业的影响
雪		①看不清指挥信号 ②听不清指挥信号 ③看不清障碍物 ④看不清起重机姿态 ⑤看不清起重物体 ⑥湿滑造成重物跌落
雾		①看不清指挥信号 ②看不清障碍物 ③看不清起重机姿态 ④看不清起重物体
强风		①听不清指挥信号 ②看不清障碍物 ③起重机姿态不受控 ④起重物体不受控 ⑤强风吹倒起重机
夜晚		①看不清指挥信号 ②看不清障碍物 ③看不清起重机姿态 ④看不清起重物体

续表

常见特殊天气	图示	对吊装作业的影响
雷电	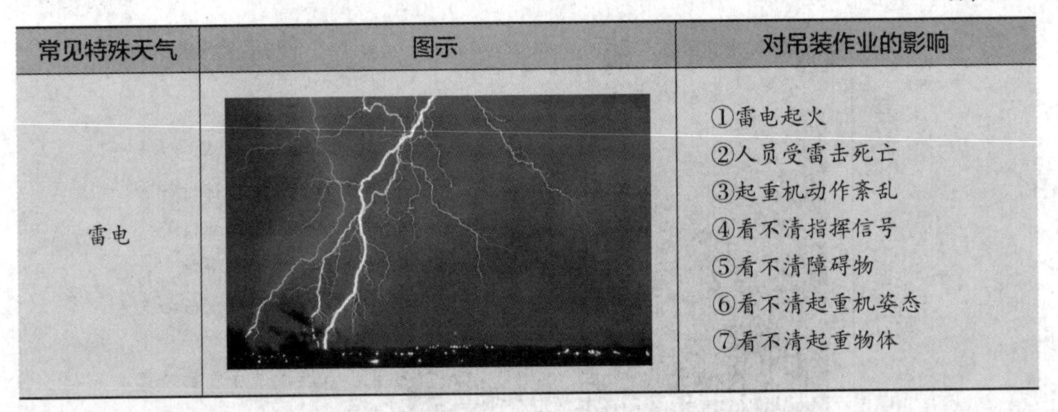	①雷电起火 ②人员受雷击死亡 ③起重机动作紊乱 ④看不清指挥信号 ⑤看不清障碍物 ⑥看不清起重机姿态 ⑦看不清起重物体

2. 风速识别

吊装作业前，汽车吊司机必须根据权威机构公布的气象数据判断是否适合进行吊装作业。起重机最大工作风力为五级，进行吊装作业时应以作业高度的瞬时风速为判断标准。天气预报中风级与风速的关系见表 1–5。离空旷地面 10 m 处 10 min 的平均风速乘以换算系数 1.5 后，可得到 3 s 的瞬时风速，即为工作风速。

表 1–5 风级与风速的关系

名称	级数	平均风速（m/s）	瞬时风速（m/s）	现象（陆地）
无风	0	0 ~ 0.2	0 ~ 0.3	静，炊烟直升
轻风	1	0.3 ~ 1.5	0.5 ~ 2.3	炊烟能表示风向，但风向标不能转动
柔风	2	1.6 ~ 3.3	2.4 ~ 5.0	面部感觉有风，树叶微响
微风	3	3.4 ~ 5.4	5.1 ~ 8.1	树叶及微枝摇动不息，旗帜随风飘扬
和风	4	5.5 ~ 7.9	8.3 ~ 11.9	地面扬尘，纸张飞跃，枝条摇动
疾风	5	8.0 ~ 10.7	12.0 ~ 16.1	小树摇摆
强风	6	10.8 ~ 13.8	16.2 ~ 20.7	大树枝摇动，电线摇摆，撑伞困难
中强风	7	13.9 ~ 17.1	20.9 ~ 25.7	大树摇动，迎风步行困难
劲风	8	17.2 ~ 20.7	25.8 ~ 31.1	树枝折断，迎风步行阻力很大
烈风	9	20.8 ~ 24.4	31.2 ~ 36.6	烟囱及平房屋顶受损（烟囱顶部及平顶摇动）
狂风	10	24.5 ~ 28.4	36.8 ~ 42.6	陆地少见，可拔树毁屋
暴风	11	28.5 ~ 32.6	42.8 ~ 48.9	陆地很少见，如有，则必造成重大损毁
飓风	12	>32.7	>49.1	陆地几乎见不到，其摧毁力极大

相关链接

起重机行业“十不吊”

1. 指挥信号不明确或违章指挥不吊。
2. 超载不吊。
3. 工件或吊物捆绑不牢不吊。
4. 吊物上面有人不吊。
5. 安全装置不齐全或动作不灵敏、失效不吊。
6. 工具埋在地下，与地面建筑物或设备有钩挂不吊。
7. 光线阴暗视线不佳不吊。
8. 棱角物件无防切割措施不吊。
9. 斜拉歪拽工件不吊。
10. 危险品（如氧气瓶、乙炔瓶等）无保护措施不吊。

学习单元 2　安全防护

吊装作业具有高风险性，汽车吊司机应始终坚持“安全第一、预防为主”的原则，将利于安全生产作为宗旨之一贯穿于作业的全部过程。作业过程中必须正确使用工作设备和所有防护性设备，存在安全隐患时不操作，如果出现安全事故必须及时报告至相关部门。

一、作业空间的安全防护

1. 吊装作业空间的确认

考虑到可能发生的危险，为保证作业安全性，起重机只能在适当的工作条件和特定的吊装范围内作业。汽车吊司机应先勘察作业环境，确保吊装作业空间能够满足起重机的作业空间要求。吊装作业空间的确认至少应包括以下内容：

（1）确保起重机进入作业场地时，行车空间高度和侧面间隙能满足作业要求。

（2）起重机周围空间应保证进行吊装作业时不会发生触碰。

（3）确定所起吊重物的总重量和外形尺寸、所需起升的高度和幅度，保证起重机进行吊装作业时吊装物体不会发生触碰。

（4）确保空中架设的电线电压与距离满足作业要求，不会发生触电。

（5）及时排除可能影响起重机正常作业的故障。

（6）汽车吊司机对重物和操作区域的视线应清晰、无遮挡。

（7）吊装工或指挥人员应位于汽车吊司机视线不受阻挡的明显位置指挥司机，确保重物和起重钢丝绳完全避开障碍物。汽车吊司机应接受吊装工或指挥人员发出的吊装作业指挥信号的指挥，当起重机的作业不需要吊装工或指挥人员时，司机负有吊装作业的责任。

2. 作业空间受限环境下应避免的危险操作

汽车吊司机最重要的任务是正确控制、操作及调整起重机，尽量避免危险操作，保证起重机周围作业人员及其他人员的安全。作业空间受限时，应避免以下危险操作，保证作业安全。

（1）起吊重物时回转过快，或在不平整的地面上起吊重物。

（2）起吊重物时快速制动。

（3）被吊物体未离开地面就进行回转或行走。

（4）卷扬机上的钢丝绳乱绳。

（5）超载作业。

（6）与桥梁、天花板、高压输电线等碰撞。

（7）重物捆绑不当。

（8）斜拉重物或吊起的重物突然松懈。

（9）重物悬空时打转。

3. 架空电线和电缆下作业安全

起重机在靠近架空电线和电缆作业时，除作业空间受限可能发生碰撞外，还可能发生触电、破坏输电线路、火灾等事故。指挥人员、汽车吊司机和其他现场工作人员至少应注意以下事项。

（1）在不熟悉的地区作业时，应首先检查是否有架空电线和电缆。

（2）确认所有架空电线和电缆是否带电。

（3）在带电架空电线和电缆下作业前，应征求当地电力主管部门的意见，如电力主管部门不同意，禁止作业。

（4）进行吊装作业时，臂架、吊具、索具、钢丝绳及起吊重物等与输电线间的最小距离应符合表 1–6 规定。

表 1–6 起重机与输电线的最小距离

输电线路电压（kV）	<1	1～20	35～110	154	220	330
最小距离（m）	1.5	2	4	5	6	7

 **小贴士**

无论何时，任何人发出的停止信号，汽车吊司机都应立即执行，以避免危险发生事故。

二、作业地面的安全防护

起重机的作业地面应该满足以下要求，避免不合理支撑。

1. 起重机应支设在坚实、水平的支撑面上，所有轮胎应离地，作业时地面不应下沉，否则有倾翻的危险。

2. 保证动作（回转、起升、变幅等）不受任何障碍物阻碍。

3. 保证支撑点（支脚盘）能伸到额定起重量性能表中规定的位置。

4. 整车倾斜度在 1° 范围内，必要时可在支脚盘下方垫入钢板或垫木，以免发生倾翻。

图 1–2 左侧图示为不合理支撑，右侧图示为合理支撑。

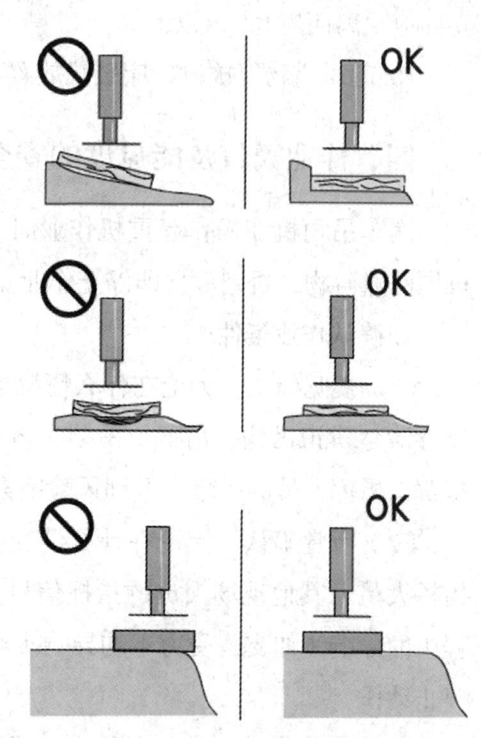

图 1–2 起重机支腿支撑示意图

三、常见危险品的安全防护

危险品吊装作业包括危险品的分散、集

中、整体搬移，应按照以下要求进行。

1. 汽车吊司机须技术娴熟，对危险品不敏感，无禁忌证，不得安排学徒吊装危险品。

2. 起吊前应核实危险品的品质、种类、重量等。

3. 起吊易燃物、爆炸物等危险品时，应对起吊装置及相关人员采取防静电的保护措施。

4. 危险品有关部门必须派人现场监护，并制定意外事故的紧急防范和抢救措施。

5. 起吊前应明确指派现场指挥人员。

6. 起重机、吊具、索具的选择，必须与危险品及其包装相适应，并由专人负责逐项进行安全确认。

7. 在危险品储存场所内，用保护装备保护好需吊装的物品，方可进行短距离的水平或垂直吊运，不允许做复合操作（如倾斜运动）。

8. 应进行吊装试验。将危险品捆绑完成后，应用吊钩起吊 0.5 m 左右，试验起升机构制动器的可靠性和吊运的平稳性，起吊试验时指挥及其他人员应离开危险区域。

9. 吊运过程中，动作应缓慢、匀速，禁止大幅度摆动，被吊装物体的各个外立面应距离四周 0.5 m 以上。

10. 起吊重物停放时，应轻轻放置、动作缓慢平稳。

四、作业天气及能见度的安全防护

汽车吊司机在操作起重机作业时，应能够清晰识别起重机、吊装物体、起重机周围障碍物，否则应立即停止作业。

1. 确认作业条件

（1）视觉确认。无论在什么情况下操作起重机，汽车吊司机都应该视野清晰，能够清楚辨识吊钩、吊臂、吊装物体、周围障碍物、信号灯等，同时还应能够清楚辨识指挥人员的手势。看到风险因素时应减速或停止动作。

（2）听觉确认。无论在什么情况下操作起重机，汽车吊司机都应该能够听清指挥人员、其他现场人员的指挥信号及停止信号，还应能够听清楚起重机吊装过程中的异响（如支腿受力不均异响尖叫、重物碰撞声）。听到风险因素时应减速或停止动作。

（3）感觉确认。无论在什么情况下操作起重机，汽车吊司机都应该能够感受到起重机异常振动的大致位置和强度，感受到起重机各个动作的运动速度及其危险性，感受到起重机支撑的受力倾斜风险。感受到风险因素时应减速或停止动作。

2. 恶劣天气条件下作业要求

（1）在雨、雪、雾等天气条件下，能见度低时应停止作业，并且将吊臂收存。

（2）当最大瞬时风速达到 5 级时，不得进行吊装作业，并且将吊臂收存。

（3）发现雷电迹象时，应停止作业，并且将吊臂收存。

五、人员安全装备

无论在何种环境下，起重机作业都存在安全风险，汽车吊司机应按照以下要求使用安全装备。

1. 根据工作现场状况选择必要的安全装备，如安全帽、安全手套、安全防护眼镜、安全带、安全靴和听力保护装置等。

2. 作业前后检查安全装备，按规定程序对安全装备进行维护，必要时应进行更换。某些安全装备（如安全帽和安全带等）使用一段时间可能会损坏，应定期检查并更换。当安全装备由于撞击损坏时应立即更换。

3. 需要时应保存安全装备检查和维修记录。

汽车吊司机应特别注意，所有的个人防护装置都不能提供 100% 的保护，因此在作业过程中必须按要求操作，降低风险。

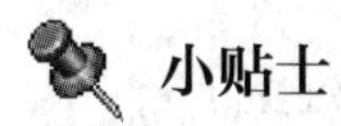

小贴士

个人防护不当的危险

1. 操作起重机时要穿戴个人防护设备，包括合适的衣服、手套、劳保鞋及眼睛和听力保护设备等，以防犯吊运过程中液压油泄漏、机构转动等带来的身体伤害风险。

2. 在运动部件附近作业时，严禁戴珠宝、领带，严禁穿袖口纽扣解开的或宽松的衣服，一定要把长头发向后扎，否则存在肢体被挤压、拖拽的风险。

3. 为确保随时可听到警报信号，操作起重机时严禁佩戴耳机听音乐或广播，以免因无法识别机器异常、人员报警等导致事故发生。

相关链接

避免起重机的非正常使用

为保证起重机使用的安全性，尽可能发挥起重机的最佳性能，应避免以下非正常使用。

1. 利用底盘运送货物。

2. 通过调整水平伸缩臂或者支腿油缸来推、拉或者起吊重物。

3. 通过回转、变幅或者臂的伸缩来推、拉或者起吊重物。

4. 使用起重机拉开连在一起的物体。

5. 双钩作业。

6. 作业时不伸出支腿（车轮可动）。

7. 超载作业。

8. 带载行驶。

9. 使用未经起重机生产厂认可的配件或附属设备。

10. 在起重机行驶过程中以吊装设备、重物和上车操纵室载人。

11. 利用起升装置运送人员或重物上站人。

12. 不间断地进行起吊、卸载作业。

13. 进行本起重机额定起重量图表规定的起重机配置状态之外的作业。

14. 进行本起重机额定起重量图表规定的工作半径和回转范围之外的作业。

15. 选择的起吊重量和起重机当前工况不相符。

16. 起重机带载作业时，改变吊钩载荷，如向悬挂在吊钩上的集装箱内加载等。

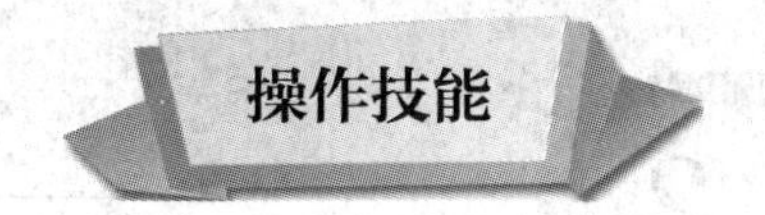

起重机作业环境风险识别与安全防护

一、操作准备

1. 实训场所：高架电线下或厂房内。

2. 物品准备：25 t 起重机 1 台，燃油若干。

二、操作步骤

步骤 1：起重机展车

由教师操作起重机，做支腿支撑、变幅、伸臂、起升等动作，展开起重机，使起重机与空中危险要素保持安全距离。

步骤 2：识别风险

学生针对当前起重机作业环境，讨论距离障碍物的距离和可能存在的风险。

步骤 3：风险防护

学生针对当前起重机作业过程中可能存在的风险，讨论应该采取的安全防护措施及操作注意事项。

步骤 4：起重机收车

由教师操作，把起重机恢复到行驶状态。

培训课程 2 作业前检查

学习单元 1　规则重物重量识别及重心确认

在吊运重物前应首先确认重物重量。为保证起吊的稳定性，应通过各种方式确认重物的重心，然后调整起升装置，选择合适的起升系挂位置，保证重物起升时匀速、平稳，没有倾翻的趋势。

一、识别规则重物重量

起重机产品型号标定的最大起重量是指定工况下的最大起重量，汽车吊司机应能够识别重物重量，以及起重机额定起重量图表中额定工况的起重量。

1. 重量与额定起重量

(1)重量。重量是物体受重力的大小的度量，是物体的一种基本属性。在地球引力下，质量为 1 kg 的物体的重量为 9.8 N。为便于比较、计算，我国起重机械行业称质量时常以重量替代，单位是吨(t)或千克(kg)，常用重量单位和换算关系见表 1–7。

表 1–7　常用重量单位和换算关系

千克(kg)	克(g)	吨(t)	磅(lb)	盎司(oz)
1	1 000	0.001	2.204 62	35.273 9
0.1	100	0.000 1	0.220 462	3.527 39
0.001	1	0.000 001	0.002 204	0.035 273
1 000	1 000 000	1	2 204.62	35 274
0.453 592	453.592	0.000 453	1	16
0.028 348	28.348 7	0.000 028	0.062 5	1

（2）额定起重量。也称额定载荷、最大载荷、最大起重量、安全工作载荷、起升能力，是给定起重机在指定幅度、支腿跨距、工作幅度等起重机额定起重量图表规定条件下起重量的最大值。

2. 起吊重物重量的基本要求

（1）在吊装作业时，只允许起吊单个重物，即使多个重物的总重量在额定起重量范围内也不允许同时起吊。如果同时起吊多个重物，可能会使重心偏移，失去平衡，导致危险。

（2）起重机不得起吊超过额定起重量的物体。

（3）在确定起重机起吊的重物重量时，应包括起吊装置的重量。

（4）当无法确定起吊重物的精确重量时，负责作业的人员应确保吊起的重物重量不超过额定起重量。

3. 起吊物体重量识别方法

起吊规则重物时，常见的重量获知方法有称量法、计算法、查阅铭牌法、查阅资料法、经验比较估算法等。

（1）称量法。通常获知物体重量最准确的方法，是直接称量物体的重量。地磅是厂矿、商家等用于大宗货物计量的主要称重设备，其标准配置是承重传力机构（秤体）、高精度称重传感器、称重显示仪表三大主件，可完成地磅基本的称重功能，也可根据不同用户的要求，选配打印机、大屏幕显示器、称重管理软件以完成更高层次的数据管理及传输的需要。例如，需要起吊一辆车及其装载物体时，需要获知这台车和装载物的总重量，直接把车开到地磅上，显示总重量 76.20 t，如图 1–3 所示。如果仅仅吊运车辆里的物体，应该先把空车开到地磅上，称得皮重 31.60 t，待装好货物后获得总重 76.2 t（毛重），那么准备吊起的重物重量就是 44.20 t（净重）。

打印预览　青苹果称重软件

*********有限公司　　第2次打印

过磅单

日期:2013年01月03日 15:00:54　　编号：0000001

车号	鲁12345	毛重	76.20 吨
品名	细沙	皮重	31.60 吨
客户	***	净重	44.60 吨
备注	4米半车	方量	99.11 吨

入厂时间: 2013-01-03 15:00:25　　出厂时间: 2013-01-03 15:00:51　　制单：管理员

打 印　　关 闭

图 1–3　地磅称量汽车其装载物的重量

（2）计算法。能够通过立体几何计算出需要起吊的规则重物体积，进而利用公式“质量 = 体积 × 密度”，计算出重物的重量。常见被吊装的固体、液体、气体的密度见表 1–8。

表 1–8 常用起吊物质密度表

物质形态	物质名称	密度（kg/m^3）	物质名称	密度（kg/m^3）
固体	钨	1.9×10^4	压铸铝合金	2.7×10^3
	金	1.9×10^4	挤压成型铝合金	2.7×10^3
	铅	1.1×10^4	大理石	$(2.6\sim2.8)\times10^3$
	银	1.0×10^4	花岗岩	$(2.6\sim2.8)\times10^3$
	黄铜	$(8.5\sim8.8)\times10^3$	玻璃	$(2.4\sim2.8)\times10^3$
	紫铜	8.9×10^3	砖	$(1.4\sim2.2)\times10^3$
	钢铁	7.8×10^3	混凝土	$(2.2\sim2.5)\times10^3$
	灰铸铁	$(6.6\sim7.4)\times10^3$	冰	9.0×10^2
	白铸铁	$(7.4\sim7.7)\times10^3$	石蜡	9.0×10^2
	铝	2.7×10^3	干松木	5.0×10^2
液体	汞	1.4×10^4	柴油	8.5×10^2
	硫酸	1.8×10^3	煤油	8.0×10^2
	海水	1.0×10^3	酒精	8.0×10^2
	纯水	1.0×10^3	汽油	7.1×10^2
气体	氯	3.2	氮	1.3
	二氧化碳	2.0	一氧化碳	1.3
	氩	1.8	水蒸气（100 ℃）	0.6
	氧	1.4	氦	0.2
	空气	1.3	氢	0.1

例如，准备起吊一块长 3 m、宽 1 m、厚 5 cm 的钢板，查得钢材的密度为 $7.8\times10^3\ kg/m^3$，体积 = 长 × 宽 × 高 =3 m × 1 m × 0.05 m=0.15 m^3，其质量 = 体积 × 密度 =0.15 m^3 ×（7.8×10^3）kg/m^3=1.17×10^3 kg=1.17 t，即起吊物体重量为 1.17 t。

（3）查阅铭牌法。吊装的规则物体通常带有铭牌，在准备起吊前，应先查看铭牌，获取吊装物体的重量。例如，在工厂建设中，需要在高空平台上安装一个电动机，在吊装前需要获知电动机的重量，通常是先查看电动机铭牌（见图 1–4），在重量栏目中得知该电动机的重量为 1 650 kg。

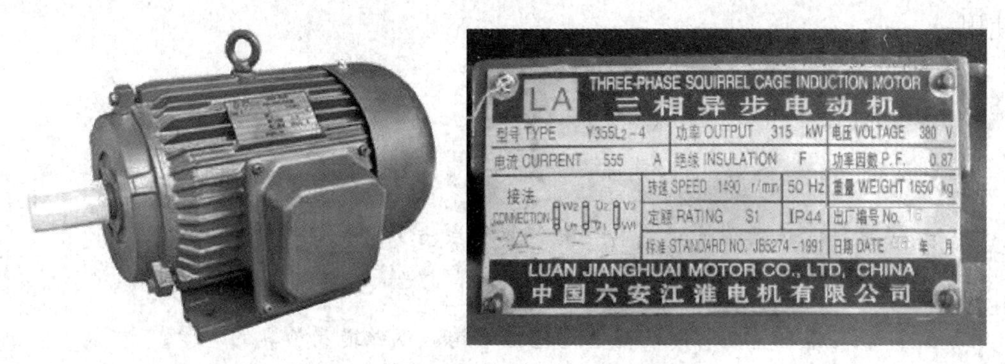

图 1–4　电动机的重量

（4）查阅资料法。对于几何尺寸不容易计算，且没有铭牌或者铭牌上没有重量的起吊重物，可以查看其设计图纸、说明书及其他资料，获取起吊重量。例如，准备吊装一个立式燃煤蒸汽锅炉，起吊前先查看锅炉总图（见图 1–5），图纸上重量栏的标注为“5583”，单位为“kg”，因此，准备起吊的立式燃煤蒸汽锅炉起吊重量是 5.583 t。

需要特别注意的是，在起吊锅炉前，不仅需要查看其资料上的名义重量，还应进行实地检查。准备起吊的锅炉内必须排空，若有水，不仅会增加起重量，还会在吊运过程中于锅炉内晃动，引起吊载物体的重心变化，威胁作业安全。

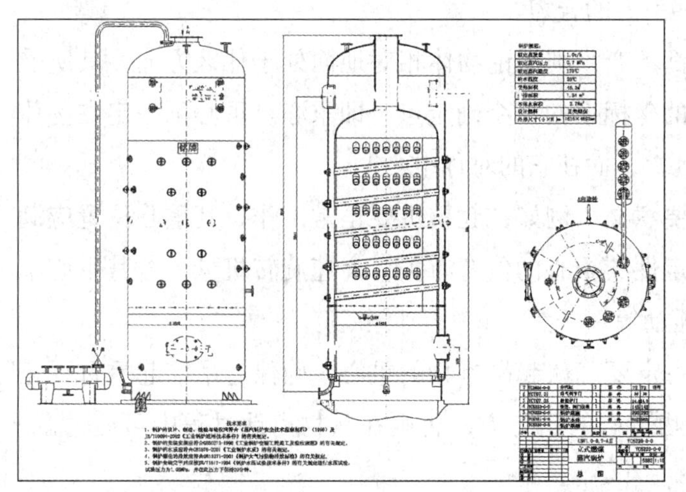

明细栏局部放大图

LSH1.0-0.7-AⅡ	YC5220-0-0			
立式燃煤蒸汽锅炉	所属装配号	YC5220-0-0		
	图样标记		重量	比例
			5583	1:10
	共	张	第	张
总　图				

图 1–5　立式燃煤蒸汽锅炉的重量

（5）经验比较估算法。对于常见的起吊物体或者已经起吊过的相似物体的重量，也可以通过经验比较估算法估算。例如曾经起吊过的高铁横梁重量为 100 t，当前准备起吊的横梁材料、截面积等参数与其一致，长度是其一半，那么当前准备起吊横梁的重量可估算为 50 t。经验比较估算法误差较大，汽车吊司机需要谨慎使用。

 **小贴士**

起重机起吊能力的计算和判断错误将会导致事故的发生，必须注意以下各项内容。

1. 额定起重量图表中的起重量包括吊钩、钢丝绳及吊具的重量。

2. 轻率起吊未知重量的重物，有可能发生起重机倾翻事故。

3. 禁止用起重机测试物体重量。

4. 必须严格按照起重机的额定起重量图表作业，禁止超载。

二、确认规则重物重心

重心，即物体各部分所受重力之合力的作用点。物体的每一微小部分都受地心引力作用（即万有引力），这些引力可近似地看成相交于地心的汇交力系。由于物体的尺寸远小于地球半径，所以可近似地把作用在一般物体上的引力视为平行力系，物体的总重量就是这些引力的合力。

如果物体的体积和形状都不变，则无论物体相对地面处于什么方向，其所受重力总是通过固定在物体上的坐标系的一个确定点，即重心。重心不一定在物体上，例如圆环的重心不在圆环上，而在它的对称中心上。

重心位置在工程上有重要意义。例如，起重机要正常工作，其重心位置应满足一定条件；舰船的浮升稳定性与重心的位置有关；高速旋转机械，若其重心不在轴线上，就会引起剧烈的振动等。

起重机在起吊重物前，一定要确认起吊重物的重心，确保起吊前起重臂要正对重物的重心、吊钩位于重物重心的正上方，否则在重物离地过程中可能倾翻、旋转，危及吊装作业的安全。

重量分布均匀的物体（即均匀物体），重心的位置只跟物体的形状有关，有规则形状的均匀物体，它的重心就在几何中心上，确定重心位置通常采用几何法。一般来说，有对称面的物体重心在它的对称面上，有对称线的物体重心在它的对称线上，有对称点的物体重心就落在对称点上，如果从对称的观点出发，结合其他方面的思考，可迅速找到重心的准确位置。如图 1–6 所示，被起吊物体为等腰三角形物体，重量分布具有对称性，重心就在悬线与直角角平分线的交点 O 上。

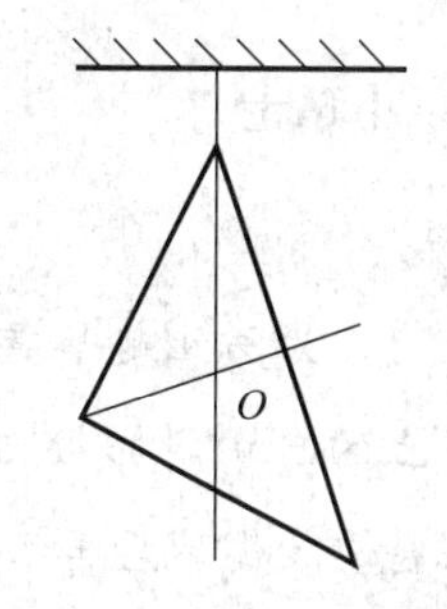

图 1–6 几何法确定重心位置

常见质量均匀的规则物体的重心位置如下。

1. 线段的重心就是线段的中点，三角形的重心就是三边中线的交点。

2. 平行四边形的重心就是其两条对角线的交点，也是两对对边中点连线的交点。

3. 平行六面体的重心就是其四条对角线的交点，也是六对对棱中点连线的交点，也是四对对面重心连线的交点。

4. 圆的重心就是圆心，球的重心就是球心。

5. 锥体的重心是顶点与底面圆心连线的四等分点上最接近底面的一个。

6. 四面体的重心是每个顶点与对面重心连线的交点，也是每条棱与对棱中点确定平面的交点。

相关链接

确认不规则物体的重心位置

重量分布不均匀的物体，重心的位置除跟物体的形状有关外，还跟物体内重量的分布有关。例如载重汽车的重心随着装货量的大小和装载位置的变化而变化，起重机的重心随着起吊物体的重量和高度的变化而变化。

对于不规则物体，确定重心位置通常采用悬挂法。例如需要确定一块不规则钢板的重心（见图 1–7），将不规则的钢板在 A 点悬挂起来，当薄板静止时沿悬线方向在薄板上画出竖直线 AB，然后另选一 C 点再次悬挂，再次在薄板上画出竖直线 CD，薄板重心既在直线 AB 上，又在直线 CD 上，由此可知重心必在两直线的交点 O 上。

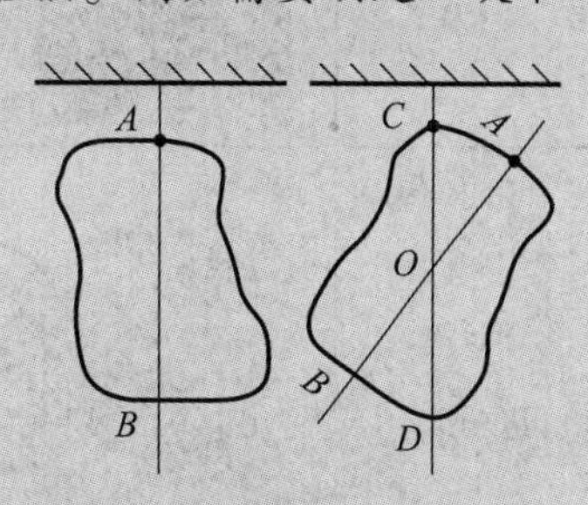

图 1–7 悬挂法确定重心位置

 **小贴士**

为防止起吊重物时发生侧载危险，应在进行起升操作时，按住操纵手柄上的自由滑转按钮，开启自由滑转功能，使起重臂自由滑转对正重物重心，待重物离地后再松开自由滑转按钮。

学习单元 2　检查外观及连接件

一、检查外观

起重机日常外观检查，主要检查起重机外观件的完整性，以及是否有划痕、磕碰、老化、断裂等，详见表 1–9。

表 1–9　起重机外观检查主要项目

检查内容	图示	主要检查项目
驾驶室		①部件是否齐全 ②表面是否有划痕 ③表面是否有磕碰 ④密封条是否老化 ⑤门窗开关是否正常
操纵室		①部件是否齐全 ②表面是否有划痕 ③表面是否有磕碰 ④密封条是否老化 ⑤门窗开关是否正常

续表

检查内容	图示	主要检查项目
发动机机罩		①部件是否齐全 ②开关是否正常 ③锁扣是否正常 ④周边是否整洁
车身走台板		①部件是否有磕碰 ②走台板表面是否整洁
机棚		①部件是否齐全 ②开关是否正常 ③表面是否有磕碰
轮胎		①表面是否划伤 ②螺母是否松动

二、检查易见部位连接件

部位的有效连接是保证起重机安全有效工作的基础，如果连接不可靠，容易出现机构失效、异响、振动，甚至引起起重机倒塌。起重机易见部位连接件的检查，包括螺栓连接的检查、销轴连接的检查等，主要内容见表 1–10。

表 1–10　易见部位连接件的检查内容

检查内容	图示	主要检查项目
铰点销轴		①铰点螺栓是否松动 ②销轴挡板是否正常 ③销轴是否窜出
吊钩锁具		①绳夹安装是否正常 ②锲套安装是否正常 ③锲套销轴安装是否正常
回转支承		①螺栓是否正常 ②回转支承齿牙是否磕碰

续表

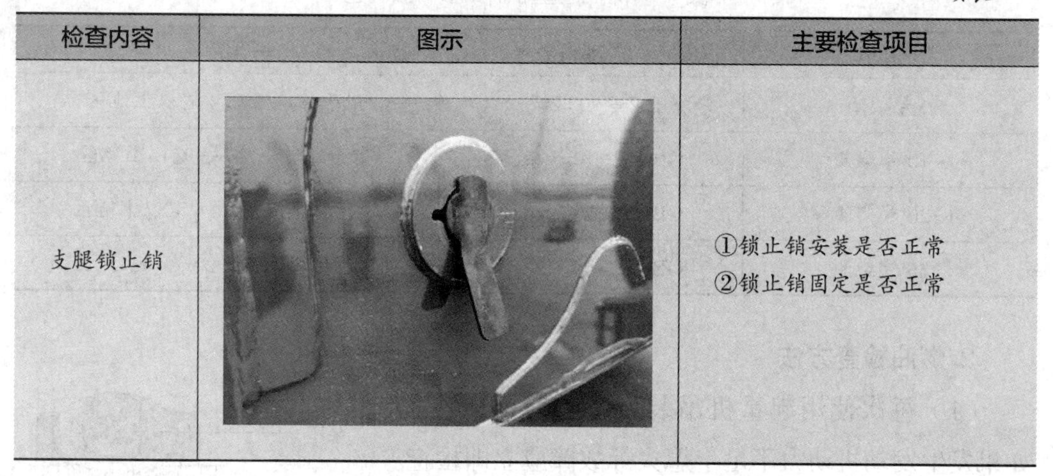

检查内容	图示	主要检查项目
支腿锁止销		①锁止销安装是否正常 ②锁止销固定是否正常

学习单元 3　检查油、液

起重机一般使用柴油发动机提供动力，变速箱驱动液压泵工作，需要对发动机燃油、冷却液、变速箱润滑等进行检查和保养。液压油是液压系统的主要工作介质，只有液压油充足且品质合格才能使液压系统正常工作。各机构长期运动磨损，机构的润滑也尤为重要。

一、燃油加注标准及检查方法

作为动力能源的柴油存储在柴油箱内，经过油水分离器、发动机喷油泵进入发动机燃烧室。如果燃油量不足，可能引起发动机动力不足、熄火等故障。

1. 燃油加注要求

（1）加注燃油时，先将发动机熄火，实施手制动。

（2）加注燃油时，油液必须经过柴油过滤网过滤。

（3）加注燃油的型号需按照产品维护保养手册的规定。

（4）加注燃油时，需要根据发动机工作温度选择合适的牌号，起重机常用柴油牌号见表 1–11。

表 1–11　起重机常用柴油牌号

牌号简称	柴油牌号	适用范围
0 号柴油	GB 252–0 轻柴油	用于环境温度 4 ℃以上地区
–10 号柴油	GB 252–10 轻柴油	用于环境温度 –5 ℃以上地区
–20 号柴油	GB 252–20 轻柴油	用于环境温度 –14 ℃以上地区
–35 号柴油	GB 252–35 轻柴油	用于环境温度 –29 ℃以上地区

2. 燃油检查方法

（1）每次使用起重机吊装或行驶前都应检查，如果发生发动机动力不足、熄火等故障应立即检查。

（2）将车辆停放于平整的路面上，在发动机熄火状态下检查。

（3）检查起重机燃油箱液位，需将点火开关置于“ON”位置，观察燃油表，了解燃油箱内燃油量情况，当油位指示针位于红区内（或显示油位过低）时，表示油量不足，必须加注燃油。

（4）检查油水分离器（也称燃油过滤器，如图 1–8 所示）底部是否有水，若有水应当及时排出。

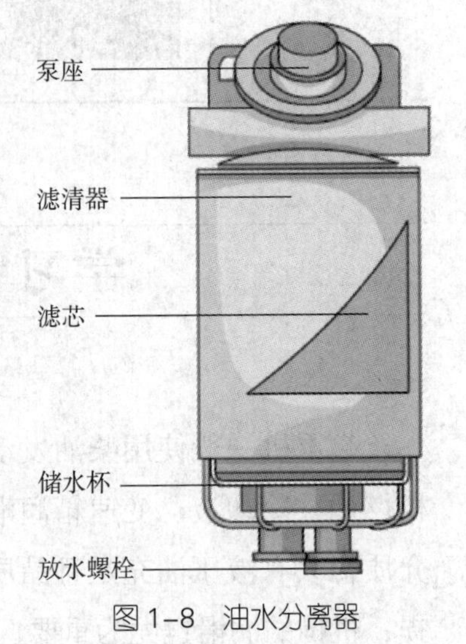

图 1–8　油水分离器

小贴士

油水分离器放水方法

由于水的密度比柴油大，燃油中的水会沉淀在油水分离器的下方，形成明显分层。放水时将放水螺栓拧松，水就会从螺栓处被放出，待水被完全放出后，将放水螺栓反方向拧紧即可。

二、润滑油加注标准及检查方法

机械零部件和相互运动部件易磨损，若汽车吊司机润滑保养维护不当，易造成车辆受损，甚至发生事故。起重机润滑油检查部位包括发动机、驱动轴、减速机、铰接、连接部件等运动部件，各润滑油加注点和加注方法参考本教材“起重机保养”中“机构润滑保养”有关内容。本教材以发动机润滑油（俗称机油）检查为例介绍加注标准和检查方法，具体起重机产品润滑油标准和检查方法参考其维护保养手册。

1. 发动机润滑油加注标准

车辆停稳，发动机熄火后 10 min，油标尺刻度须在上限和下限之间，如图 1–9 所示。

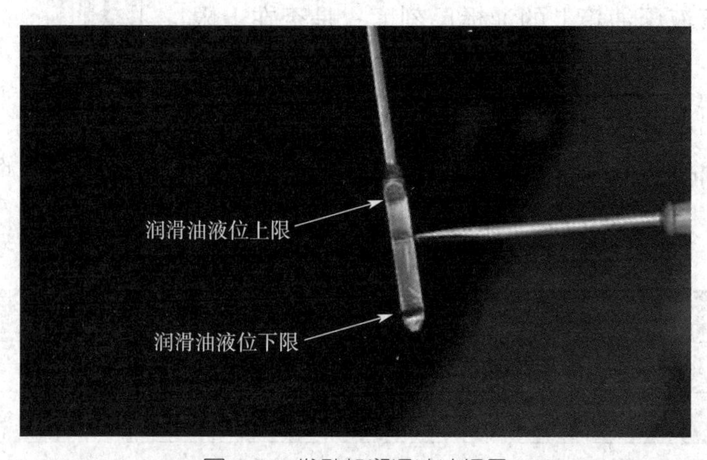

图 1–9 发动机润滑油油标尺

2. 发动机润滑油检查方法

（1）将起重机停放于平稳的路面上，以提高油位检测的准确度，如果停在凹凸不平的路面或坡道上，则须将车移至平稳路面。

（2）熄灭发动机，等 5 ~ 10 min，使一些停留在发动机上部的润滑油有充分的时间流入油底壳。取出油标尺，用干净的棉布擦拭干净，再将油标尺重新插入发动机油标尺孔中，静等几秒使润滑油能完全黏附在油标尺上。

（3）取出油标尺，观察油标尺上的润滑油液位是否在规定范围内。

三、液压油使用标准及检查方法

液压油作为液压系统的工作介质，起着能量传递、系统润滑、防腐、防锈、冷却等作用。若液压油油量不足、油品变质，可能严重影响起重机的功能。

1. 液压油使用标准

（1）液压油油位标准。起重机处于行驶状态时液压油油标尺的刻度须在上限和下限之间，如图 1–10 所示。

（2）液压油油品标准。液压油污染状况可以通过目测法判断，见表 1–12。如果液压油污染较为严重但没有变质，需要对液压油进行过滤后再使用；如果液压油已变质，则不能再使用，必须更换液压油。

2. 液压油检查方法

（1）将起重机停放于平整的路面上，熄灭发动机，收回所有支腿、吊臂等工作装置。

（2）观察液压油箱上的油标尺刻度，是否在上限和下限之间。

（3）取出部分液压油，观察液压油颜色，并闻液压油气味，判断是否符合表 1–12 中序号 1、2 的要求。

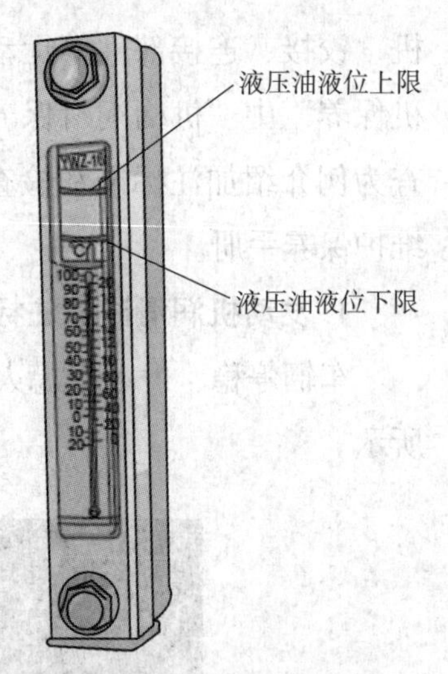

图 1–10　液压油油标尺

表 1–12　液压油污染状况评定（目测法）

序号	外观颜色	污染状况	处理措施
1	透明无变化	无污染	继续使用
2	透明色变淡	混入别种油	继续使用
3	透明而闪光	混入金属屑	过滤或换油
4	透明有黑点	混入杂质	过滤或换油
5	黑褐色	氧化变质	换油
6	乳白色	混入空气或水	分离水分或换油

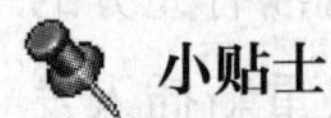
小贴士

只有起重机处于停止状态，液压系统完全冷却至环境温度时，才能检查液压油液位，否则，可能会造成检查者严重灼伤。

四、冷却液加注标准及检查方法

发动机冷却液在发动机冷却系统中循环流动，将机器工作时产生的多余热量带走，保证发动机以正常的工作温度运转。冷却液不足时冷却系统无法正常运转，导致发动机水温过高，从而造成发动机机件的损坏。

发动机冷却液的加注和检查需要通过安装在发动机附近的膨胀水箱（见图 1-11）进行。发动机运行时，冷却液温度可通过驾驶室面板上的水温表或显示屏读取，如果温度过高，驾驶室内水温报警指示灯将亮起。

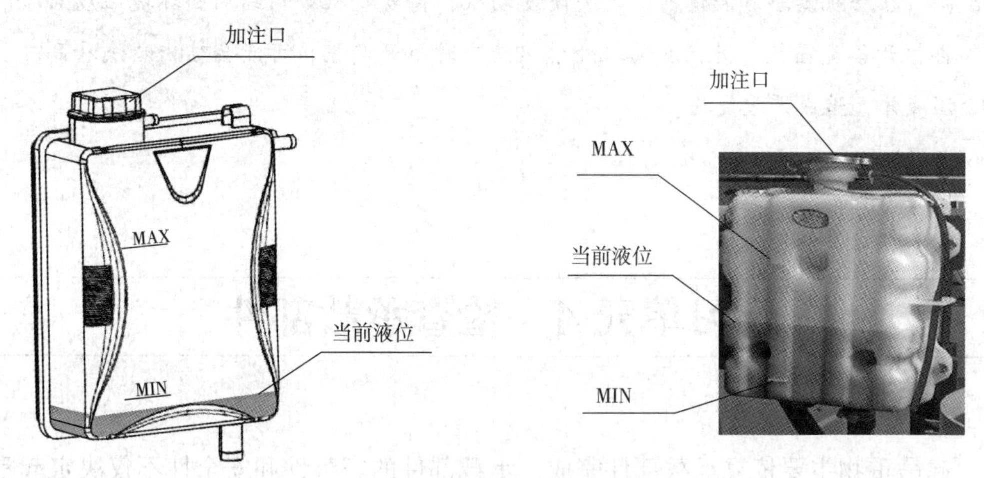

图 1-11　发动机膨胀水箱

1. 冷却液加注标准

（1）将起重机停放于平整的路面上，发动机熄火后在车辆冷却的状态下加注。

（2）冷却液液面标准高度在“MAX”与“MIN”之间，若液面过低，可能会造成发动机温度过高、开锅、拉缸等而损坏机器；若液面过高，可能造成膨胀水箱胀裂。

（3）加注的冷却液型号应按照产品维护保养手册选择。

2. 冷却液检查方法

（1）将起重机停放于平整的路面上，发动机熄火后在车辆冷却的状态下检查。

（2）观察膨胀水箱内冷却液的液面位置，液面标准高度应在“MAX”与“MIN”之间。

（3）冷却液液位低于“MIN”时，需要加注冷却液至标准高度。

（4）冷却液液面高于“MAX”时，需要排出多余冷却液。

（5）每天检查一次冷却液，如果发动机水温高应立即检查。

（6）处理发动机冷却液时，需戴护目用具和橡胶手套。如果眼睛或皮肤接触了冷却液，应立即用清水冲洗。

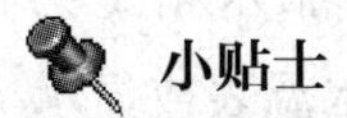

小贴士

在给机器添加液体前，需关闭发动机，待发动机冷却到周围环境温度后再打开各类箱盖。若在发动机处于热状态时打开箱盖，可能会喷出蒸汽和高温液体，造成严重烫伤。

学习单元 4　检查承载部件

起吊重物主要依靠承载部件完成，承载部件的完整性和安全性不仅决定起重机能否进行吊装作业，还影响着吊装作业的安全。起重机承载部件的检查涉及钢丝绳、吊钩、滑轮组、卷扬减速机等。

一、检查钢丝绳外观

钢丝绳是将力学性能和几何尺寸符合要求的钢丝按照一定规则捻制在一起的螺旋状钢丝束，由钢丝、绳芯及润滑脂组成。钢丝绳先由多层钢丝捻成股，再以绳芯为中心，由一定数量的钢丝股捻绕成螺旋状，供提升、牵引、拉紧和承载用。钢丝绳广泛应用于起重机支腿伸缩机构、吊臂伸缩机构、起升机构等，用来承担拉力或改变力的方向。

钢丝绳日常外观检查，主要检查钢丝绳的完整性，以及是否有锈蚀、断丝、变形、磨损、断裂等现象，见表 1–13。如果发现钢丝绳有磨损、变形等异常情况，应及时保养或更换，以消除安全隐患。

二、检查吊钩功能及外观

吊钩是起重机上的主要承载部件，借助于滑轮组、锲套等部件安装在起升机构的钢丝绳一端。吊钩按照形状可分为单钩和双钩，按制造方法可分为锻造式和叠片式。吊钩日常检查，主要检查吊钩的完整性，以及是否有裂纹、磨损、变形等现象，见表 1–14。

表 1–13 钢丝绳外观检查内容

检查内容	图示	主要检查项目
完整性	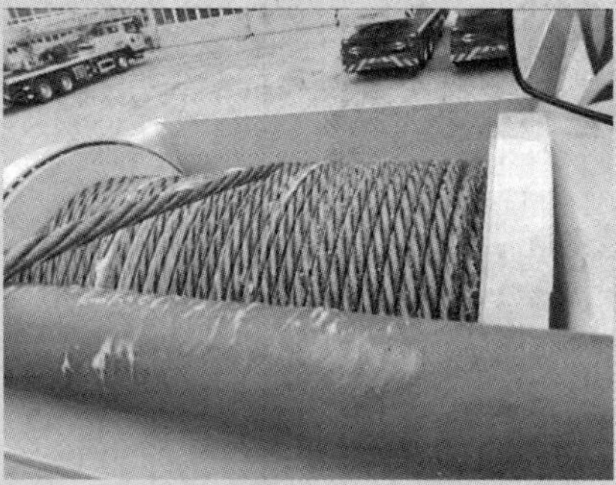	①钢丝绳排列是否整齐 ②润滑是否充足 ③钢丝绳是否锈蚀
钢丝绳磨损		①钢丝绳磨损是否异常 ②外层钢丝磨损是否达到其直径的 40%（如是，应报废）
钢丝绳断丝		①钢丝绳是否断丝 ②在一个捻距内断丝数是否小于钢丝绳总丝数的 10%
钢丝绳变形	  	①是否出现波浪形 ②是否出现笼状畸变 ③是否出现绳股挤出

续表

检查内容	图示	主要检查项目
钢丝绳变形	     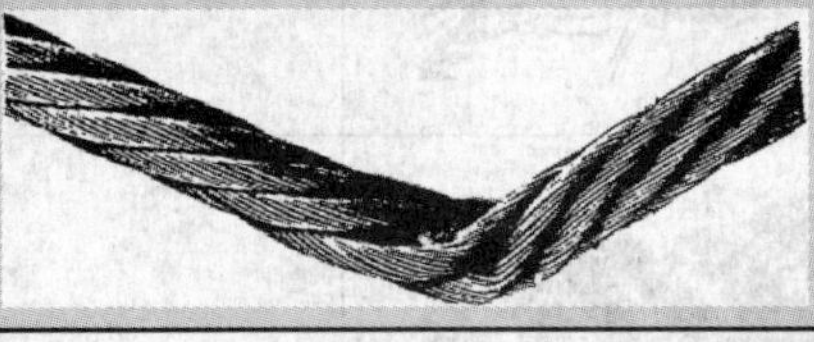	④是否出现钢丝挤出 ⑤是否出现绳径局部增大 ⑥是否出现扭结 ⑦是否出现绳径局部减小 ⑧是否出现压扁 ⑨是否出现弯折

表 1–14　吊钩日常检查内容

检查内容	图示	主要检查项目
完整性		①吊钩钢丝绳与滑轮组是否整齐 ②吊钩滑轮转动是否正常 ③吊钩部件是否齐全 ④钩头转动是否正常

续表

检查内容	图示	主要检查项目
磨损		①危险断面磨损是否异常 ②危险断面磨损量是否大于等于原尺寸 10%（如是，应报废）
开口度		①钩头开口机构能否正常开闭 ②开口度是否比原尺寸增加 10%（如是，应报废）

三、检查滑轮组件的功能及外观

起重机滑轮组件用于省力或改变力作用方向，由若干个定滑轮和动滑轮组合而成，固定在吊臂上的是定滑轮，固定在吊钩上的是动滑轮。滑轮组日常检查主要检查滑轮组件的完整性，以及是否有磕碰、划伤、老化、断裂等现象，见表 1–15。

表 1–15　滑轮组件检查内容

检查内容	图示	主要检查项目
完整性		①钢丝绳与滑轮组是否整齐 ②滑轮转动是否正常

续表

检查内容	图示	主要检查项目
完整性		③各个滑轮止口是否残缺、破损 ④排绳防脱机构是否正常
磨损		①滑轮绳槽是否有裂痕等异常 ②绳槽磨损量是否大于等于原厚度 20%（如是，应报废）

四、检查卷扬减速机及防脱绳装置

起重机卷扬减速机是一种利用液压马达驱动，用卷筒缠绕钢丝绳提升吊装重物的机构。卷扬减速机日常检查主要检查卷筒、马达、管路、防脱绳装置连接螺栓，以及是否有磕碰、漏油、变形等现象，见表 1–16。

表 1–16　卷扬减速机日常检查内容

检查内容	图示	主要检查项目
完整性		①卷扬部件是否齐全 ②卷筒固定螺栓是否正常 ③马达固定螺栓是否正常

续表

检查内容	图示	主要检查项目
管路连接		①连接管路是否正常 ②液压元件连接是否正常
卷扬护罩		①护罩固定是否正常 ②护罩间隙是否小于绳径

学习单元 5 检查操纵件及指示器

起重机的操纵件是汽车吊司机控制起重机时输入各种指令的零部件，操纵件卡滞会造成输入指令错误而带来安全隐患。指示器可通过车身上安装的传感器等采集车身的状态，并显示在操纵室内，是汽车吊司机了解起重机的重要工具。因此，每次操作起重机前，都应检查操纵件及指示器。

检查操纵件及指示器前，应该把起重机停放在平坦、坚实的地面上，发动机熄火，实施手制动。

一、检查操纵件

起重机日常检查操纵件，主要检查电源总开关、操作按钮、电器元件及线路的绝缘保护、操纵手柄等，是否有磕碰、老化、断裂现象，运动是否灵活。

1. 检查电源总开关

电源总开关一般安装在电瓶箱附近、驾驶室后的发动机围板上、驾驶室内部，右旋开启，左旋关闭。发动机启动前，电源总开关必须处于接通状态。

检查电源总开关时，首先把电源总开关手柄从“OFF（关）”挡位切换到“ON（开）”挡位，再将点火开关顺时针转动至“ON”挡，如图 1–12 所示，检查电源是否接通。如果电源接通，则电源总开关正常；如果电源未接通，且经检查蓄电池、点火开关、线路都正常，则电源总开关故障。

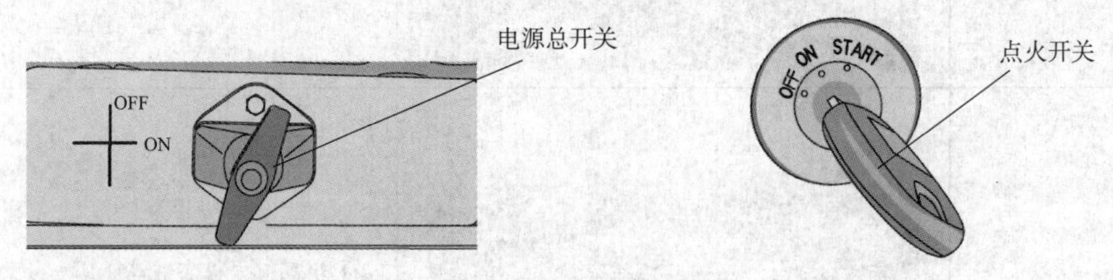

图 1–12　电源总开关示意图

2. 检查各操作按钮

起重机上的操作按钮，也称操作开关、按键等，是汽车吊司机控制起重机灯光、空调、雨刮器等装置的信号输入元件。按照功能区域划分主要包括音响按钮、急停开关、操作按钮、空调按钮、显示器按钮等，如图 1–13 所示。

检查各操作按钮前，应关闭起重机电源，防止危险动作的发生。检查时，旋转或按下各个操作按钮，观察其是否被破坏以及运动是否流畅。

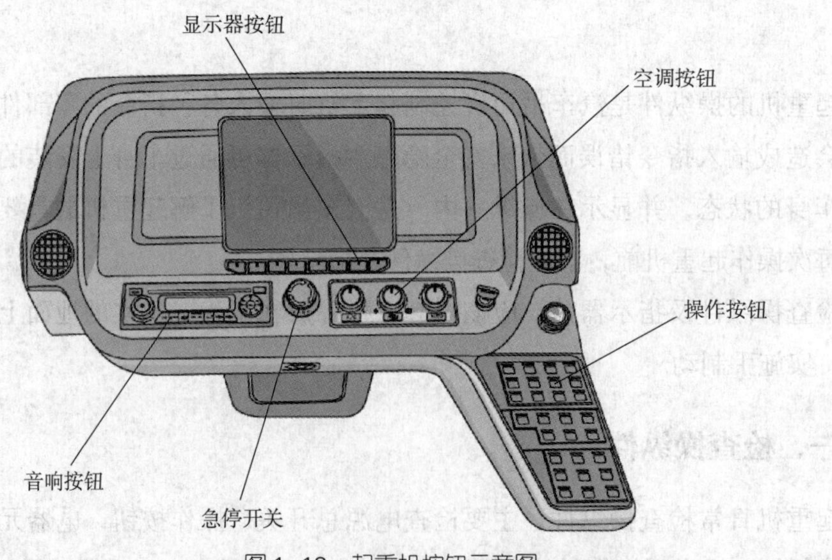

图 1–13　起重机按钮示意图

3. 检查绝缘保护

起重机各电器元件都设有绝缘保护（如绝缘护套、导线保护层等），能够把电线、用电设备等与其他导体（如车架、走台板等）隔离。如果绝缘保护被破坏应及时维修，否则可能造成电路短路、采集信号错误，甚至引发火灾。检查绝缘保护主要包括以下内容。

（1）线卡子是否脱落，线束捆扎是否结实，是否可能脱落。

（2）端子与电线连接是否紧密，是否脱落，是否可能引发短路。

（3）电线束绝缘物包扎是否破损，是否可能引发短路。

（4）各插头插接是否牢固，是否可能引起接触不良的破损。

（5）电瓶线是否可能引发短路的磨损。

（6）发电机上绝缘套是否可能引发短路的破损。

（7）其他需要绝缘保护的零部件，绝缘保护层是否破损。

4. 检查各操纵手柄

起重机上有制动操纵手柄、换挡操纵手柄、作业操纵手柄、支腿操纵手柄等，这里主要介绍作业操纵手柄，其他操纵手柄的检查方法可参考作业操纵手柄。

常见的作业操纵手柄分为机械式操纵手柄、液压先导操纵手柄和电比例操纵手柄，机械式操纵手柄如图 1–14 所示，液压先导操纵手柄和电比例操纵手柄如图 1–15 所示。

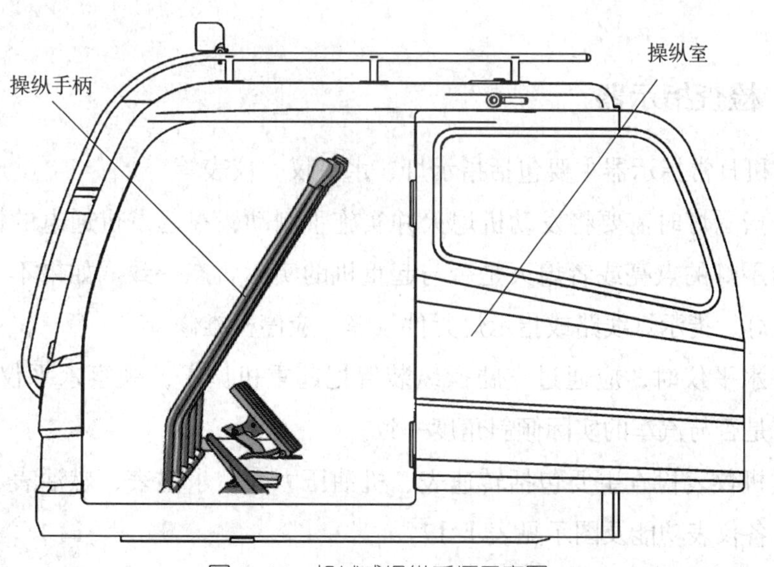

图 1–14 机械式操纵手柄示意图

图 1–15 液压先导（或电比例）操纵手柄示意图

检查机械式操纵手柄前，需先将发动机熄火、起重机断电，之后向前推或者向后拉各个手柄，检查有无卡滞现象，有无因外力阻挡而运动困难的现象。若手柄在推力或拉力作用下运动正常，则手柄工作正常。

检查液压先导（或电比例）操纵手柄前，需先将发动机熄火、起重机断电，之后分别向前推、向后拉、向左推、向右推手柄，检查有无卡滞现象，有无因外力阻挡而运动困难的现象。若手柄在推力或者拉力下运动正常，则手柄工作正常。

二、检查指示器

起重机日常指示器主要包括指示灯、水平仪、仪表等。

检查指示灯时需要将发动机熄火并实施手制动，在起重机通电的情况下，检查各个指示灯的点亮或者熄灭是否与起重机的实际状态一致。如果不一致，可能是该指示灯、指示灯线路或指示灯元件故障，应停机维修。

检查水平仪时，应通过支腿操纵装置把起重机调平，观察水平仪的指示值、指示方向是否与汽车的实际倾斜角度一致。

起重机仪表检查主要包括转速表、机油压力表、水温表、燃油表、气压表等的检查，各仪表功能及图示见表 1–17。

表 1–17　起重机仪表功能

仪表名称	图示	仪表功能
转速表		用来指示每分钟发动机转数，汽车吊司机能够根据当前发动机转速，通过控制油门踏板、操纵手柄等，控制起重机的作业速度
机油压力表		用来指示发动机润滑系统的油压，发动机润滑不好会出现机构过热损坏、活塞环积碳、机油消耗过大等问题，汽车吊司机能够根据当前发动机润滑系统的油压，判断润滑是否良好
水温表		用来指示发动机冷却液的温度，发动机冷却液温度高，会加速发动机的磨损，造成活塞环拉缸、水箱高温爆裂，甚至会导致汽缸盖、汽缸体变形甚至损坏等
燃油表		用来指示燃油箱的存油量，燃油表可以帮助汽车吊司机判断车辆还能行驶多少公里路程或者进行多长时间吊装作业，如果油料不足需要及时添加

续表

仪表名称	图示	仪表功能
气压表	0 5 10 15 bar	用来指示气路系统的压力，如果气压不够（如低于 5 bar），可能会造成无法挂取力、制动性能不足等现象，影响起重机的使用，汽车吊司机能够根据当前压力表的指示值判断气压是否正常

1. 检查转速表

检查起重机转速表前，先使起重机通电，转速表指示应为 0；启动发动机，使发动机怠速工作，检查此时发动机转速表的指示值是否与出厂文件一致。

2. 检查机油压力表

检查机油压力表前，先使起重机通电，在发动机熄火状态下，机油压力表指示应为 0；启动发动机，使发动机怠速工作，检查此时油压表的指示值是否与出厂文件一致。

需要注意，当发动机冷却时，机油压力表显示的油压比正常温度下的油压要高，当发动机加热到正常温度时，指针指向正常压力。

3. 检查水温表

检查水温表前，首先应检查冷却液是否足够，当冷却液不足时，加够冷却液即可。然后检查冷却风扇是否正常工作，在冷却液达到一定温度时，风扇会转动。启动发动机前，如果是发动机冷机状态（即发动机一直未启动），水温表指示的温度为室温，则水温表指示正常。

4. 检查燃油表

检查燃油表前，先使起重机通电，在发动机熄火状态下，燃油表指示为 0 ~ 1 之间的某个值，汽车吊司机应根据实际用油和加油量，判断指示值是否正确。

5. 检查气压表

检查气压表前，先使起重机通电，在发动机熄火状态下，气压表指示为当前气路的实际气压，汽车吊司机应根据经验，判断气压指示值是否正确。如果起重机低气压报警灯点亮，说明气压不足，可以观察气压表指示值是否小于 0.45 MPa，如果此时气压表指示值大于 0.45 MPa，应通过测压接口用另外的标准气压表校验。

学习单元 6　检查安全装置

起重机的安全装置是保障起重机作业安全的基本装置，汽车吊司机在吊装作业时需要随时观察安全装置的参数值和警示状态，在安全装置发出报警信息时，应立即停止起重机向危险方向的动作。起重机安全装置主要包括力矩限制器和运动限制器。

检查安全装置前，应该把起重机停放在平坦、坚实的地面上，发动机熄火，实施手制动。

一、检查力矩限制器

力矩限制器系统（以下简称力限器）是吊装作业最重要的安全保护装置，当吊装作业的起重量大于额定起重量时，力限器会发出警报并使起重机自动停止危险动作。

无论在何种工况进行吊装作业，都不允许关闭力限器，只有在力限器系统故障、起重机自身拆装等特殊情况下，才允许通过力限器解除强制开关，解除力限器对起重机动作的限制。该开关能够自动复位，操作时，操纵室内其他手柄必须在中位。

小贴士

起重机虽然配有力限器，但此装置不能替代汽车吊司机的判断，实际经验的积累和按照起重机安全操作规程进行操作依然是力限器无法替代的。

1. 力限器系统组件

力限器系统主要由力限器主机、CAN 接线盒、显示器、长度 / 角度传感器、油压传感器和高度限位器等组成，如图 1–16 所示。如果系统不完整，力矩限制器就无法正常工作。

力限器系统能够实时监测起重机的吊臂长度、吊臂角度、最大起升高度、工作幅度、额定起重量及实际起重量等信息，并根据这些信息计算起重力矩值，进而判断吊重是否超载。当操作超出安全范围时，力限器能够通过显示器的图形界面发出报警信号，蜂鸣器鸣叫，同时控制器发出信号，快速切断起重机向危险方向进行的动作（如向外伸臂、向下变幅、卷扬起升），限制起重机只可向安全方向动作（如缩臂、向上变幅、落钩）。

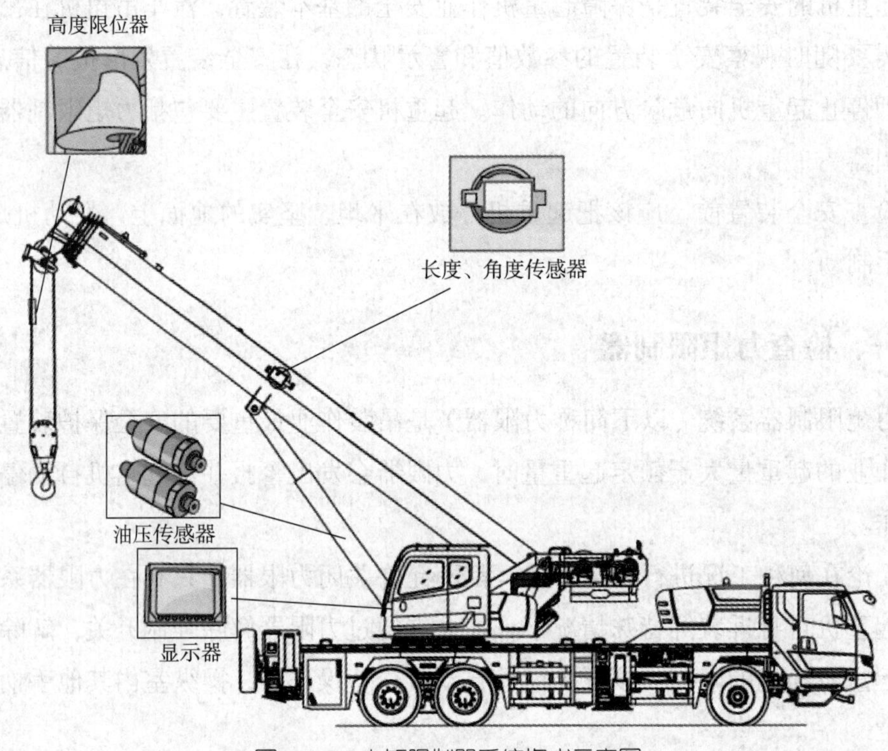

图 1–16　力矩限制器系统构成示意图

（1）力限器主机。主机是力限器数据存储、采集、计算、控制的核心组件，可以对外部各传感器、开关送入的检测信号进行功能处理，并将处理结果作为有效使用项送至显示器显示，或送至起重机电气系统的有效控制部件限制起重机的危险动作。

（2）显示器。显示器不仅能够显示力矩百分比、吊臂的伸缩长度、吊臂的变幅角度、起重机的工作幅度、当前的工作状况（以下简称工况）及吊钩起重倍率、起升高度、实际起重量、额定起重量及时间等信息，还可通过其面板上的禁鸣键，功能键，上、下键，上限、下限键及确认按钮完成禁鸣功能，时间、工况及倍率的更改功能，故障代码的查询功能及吊臂变幅时的上、下限角度设置功能。在吊重前按下面板上的净重按钮可把当前显示的初始重量设置为零，在吊起重物时显示器显示的重量即为所吊重物的净重重量。

（3）油压传感器。油压传感器是用来测量起重机变幅油缸压力的重要部件，可将压力转化为变幅油缸的举升力，结合工作幅度，能够计算出当前的起重机工作力矩。一旦油压传感器出现故障，力限器系统将不能准确测量起重机所吊重物的实际重量，因此此部件出现故障时需及时进行修理或更换。

（4）长度、角度传感器。传感器安装于起重臂的侧面，由机壳、卷簧及簧室、测长电缆等组成。机壳内部设有长度传感器、角度传感器、电子滑环机构等。测长电缆 3/4 过卷盘后固定于起重臂的末节臂头部，起重臂伸缩的同时卷盘同步转动，通过旋转次数及转盘半径可测定电缆伸出长度，从而获得起重臂伸缩的长度。带阻尼的钟摆式角度传感器可测量起重臂相对于水平线的变幅角度。测长线也被用来传输高度限位开关等其他传感器信号。

2. 力限器功能检查

汽车吊司机可以根据起重机当前姿态，利用力限器显示器检查各项参数，确认力矩限制器的功能是否正常。

（1）检查力矩限制器的显示器、开关等是否能够正常工作。

（2）检查显示器有无错误、报警等信息。

（3）查看当前起重臂实际长度，与显示器显示长度是否一致。

（4）查看当前起重臂实际角度，与显示器显示角度是否一致。

（5）通过经验估算当前实际起重量，与显示器显示实际起重量是否一致，必要时可起吊标准砝码进行确认。

（6）通过计算在该工作幅度下实际起重量与额定起重量的比值，估算当前实际力矩百分比，与显示器显示实际力矩百分比是否一致。

（7）检查力矩限制器的其他参数与真实情况是否一致。

二、检查运动限制器

运动限制器是通过限位开关等检查起重机运动到允许的极限位置时自动停止起重机动作、达到起重机自我保护目的的装置。对于大吨位起重机，由于机构复杂，运动限制器主要包括起升限位器（俗称高度限位器）、下降限位器（俗称三圈保护器）、变幅限位器、防臂架后倾装置等；对于小吨位起重机，运动限制器主要包括起升限位器和下降限位器。

1. 高度限位器功能检查

（1）高度限位器工作原理。高度限位器由主副臂端部的限位开关和重锤构成，可以防止吊钩在起升过程中与臂端滑轮相碰。如图 1–17 所示，当吊钩接近起重臂臂端滑轮时，吊钩托起重锤，高度限位开关自动打开，经控制器处理后，显示器报警灯亮，蜂鸣器鸣叫，同时会停止起重臂伸出和吊钩起升的动作。此时进行落钩动作或者打开强制开关可解除保护。

（2）高度限位器的检查。可以在起重机处于停机状态、点火开关通电时，用手托起高度限位器的重锤检查，也可以启动发动机，在试吊时检查，检查方法如下。

1）用手托起高度限位器的重锤使高度限位器的钢丝绳不受拉，或者提起主臂，慢慢地升起吊钩，直到吊钩托起高度限位开关重锤。

2）此时高度限位报警，如果起重机继续进行增大起重力矩的动作（如起吊重物、向下变幅、伸出主臂），力限器将会报警并停止相关动作。

3）松开手或吊钩下落后，高度限位器的钢丝绳受拉，高度限位报警解除。

以上两个功能都正常，说明高度限位器功能正常。

2. 三圈保护器功能检查

（1）三圈保护器工作原理。三圈保护器安装在起重机的卷扬机上，如图 1–18 所示。为防止卷扬钢丝绳被放空，钢丝绳在卷筒上剩余三圈时，蜂鸣器将鸣叫，此时进行起钩动作可解除保护。

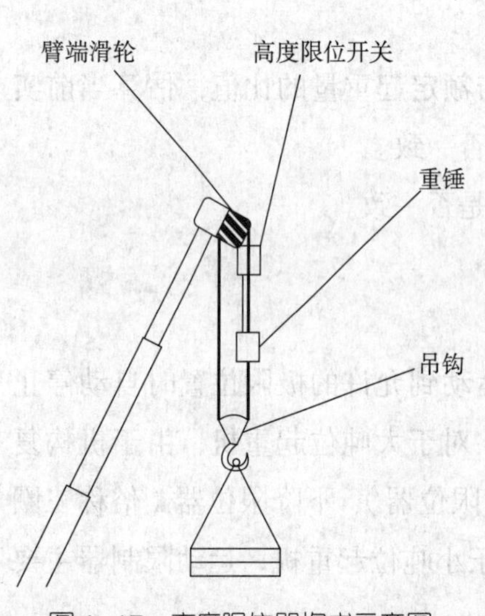

图 1–17　高度限位器构成示意图

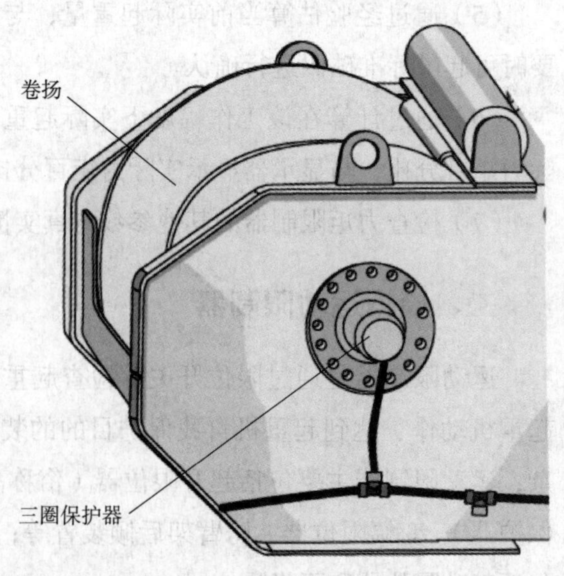

图 1–18　三圈保护器示意图

（2）三圈保护器的检查。在起重机处于停机状态、点火开关通电时，检查卷扬钢丝绳是否释放到接近最后三圈。如果没有释放到最后三圈，操纵室内的三圈保护器限位不报警；用手继续向外拉卷扬钢丝绳，释放到最后三圈时操纵室内的三圈保护器限位报警。以上两个功能都正常，说明三圈保护器功能正常。

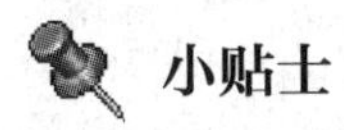

小贴士

三圈保护器起保护作用时，蜂鸣器鸣叫，此时若继续落钩放绳，存在钢丝绳过放的可能，有钢丝绳、楔块从卷筒中脱落的危险。

学习单元 7　检查警示标识及消防器材

为防止起重机在维修、保养、作业等过程中发生事故，起重机应配置安全警示标识。在起重机作业时，应在吊装作业可能的危险区域设置警戒线、警示牌。

起重机行驶和作业时，都存在发生火灾的风险，因此正确检查和使用消防器材，也是汽车吊司机减小风险、防患于未然的重要工作之一。

一、警示标识的配置要求及使用规范

1. 警示标识的配置要求

在起重机驾驶室、操纵室、转台、平衡重、支腿等重要部位，都设有警示标识，见表 1–18，以警示和指导操作者安全使用起重机，避免造成事故。汽车吊司机在检查、维修、保养和使用起重机时，应识别各种警示内容及危险因素，按照要求谨慎操作。

表 1–18　起重机常见警示标识

安装位置	图示	警示内容
驾驶室	危险 DANGER 起重机作业时，驾驶室严禁坐人！ No person is allowed to stay in the driver's cab during crane lifting operation!	危险：起重机作业时，驾驶室严禁坐人
驾驶室	注意 CAUTION 洗车前，请关好箱门。 Please close the door before washing the mobile crane.	提示：洗车前，请关好箱门
操纵室	危险 DANGER 起重机行驶时，操纵室严禁坐人！ No person is allowed to stay in operator's cab during crane traveling!	危险：起重机行驶时，操纵室严禁坐人
操纵室	危险 DANGER 严禁超载、超限违章操作！ Overload and ultralimit operation are forbidden!	危险：严禁超载、超限违章操作
操纵室	危险 DANGER 禁止吸烟！ No smoking!	危险：操纵室内禁止吸烟
操纵室	警告 WARNING 高压电线附近的安全距离 Safe distance between crane and high-voltage wires. 1.5 3 4 5 6	警告：高压电线附近的安全距离

续表

安装位置	图示	警示内容
操纵室	警告 WARNING	警告：决不允许超载及超幅作业
操纵室	警告 WARNING 风速不得大于14. 1m/s（50Km/h） Wind speed shall not be greater than 14.1m/s (50km/h)	警告：吊装作业风速不得大于 14.1 m/s
支腿处	警告 WARNING 有被挤压的危险！ 支腿操作时请远离此区域。 Crush hazard! Stay away from this area during outrigger operation.	警告：有被挤压的危险！支腿作业时，严禁站在垂直支腿旁
支腿处	警告 WARNING 有被碰伤的危险！ 支腿操作时请远离此区域。 Bruise hazard! Stay away from this area during outrigger operation.	警告：有碰伤的危险！支腿作业时，严禁站在水平支腿旁
支腿处	警告 WARNING 4.20m	警告：支腿横向跨距最大为 4.20 m
支腿处	警告 WARNING 5.8m	警告：支腿纵向跨距最大为 5.8 m

续表

安装位置	图示	警示内容
支腿处	警告 WARNING 支腿停止动作时锁紧支腿销！请参阅手册操作说明。 Lock up the pin after outrigger operation ! See manual for handing.	警告：支腿停止动作时，应锁紧支腿销
上车通道及车架	危险 DANGER 为避免扶梯损坏，车辆行驶时扶梯下部禁止翻转打开！ In order to avoid damaging the ladder, do not unfold the lower part of the ladder during traveling!	危险：车辆行驶时扶梯下部禁止翻转打开
上车通道及车架	警告 WARNING 请穿戴防护用品以免滑倒或跌落。 Be sure to wear safety protective equipment against slipping or falling.	警告：请穿戴防护用品以免滑倒或跌落
上车通道及车架	警告 WARNING 有跌落的危险！攀登时注意安全！ Falling hazard! Be careful while climbing!	警告：有跌落的危险，攀登时注意安全
上车通道及车架	警告 WARNING 有绊倒的危险！请注意脚下障碍物。 Stumble hazard! Watch out for obstacle underfoot.	警告：有绊倒的危险！注意脚下障碍物
油箱	危险 DANGER 禁止吸烟！ No smoking!	危险：有爆炸危险！ 油箱附近禁止吸烟

续表

安装位置	图示	警示内容
散热器处	危险 DANGER 此处禁止放置易燃物品！ 可能会导致火灾或爆炸！ Do not place combustible objects here! Fire or explosion may be caused!	危险：有火灾或爆炸的危险！发动机排气管、消音器、散热器附近禁止放置易燃物品
散热器处	警告 WARNING 高压液体，可能造成严重灼伤！ 温度高时请勿靠近散热器！ High pressure fluid can cause serious burning! Do not approach radiator when it is hot!	警告：可能造成严重灼伤！温度高时请勿靠近散热器
散热器处	警告 WARNING 有烫伤危险！ 手勿靠近！ Burn hazard! keep hands away!	警告：有烫伤危险！手勿靠近
散热器处	警告 WARNING 注意风扇！ 机器运行时，请勿接触任何旋转部件！ Be careful with the fan! Do not touch any rotating part while engine is running!	警告：注意风扇！运行时请勿解除旋转部件
转台和平衡重处	危险 DANGER 有撞击的危险！ [illegible] Crash hazard! Moving objects can result in crush or impale. Keep clear of machine working area.	危险：有撞击的危险！请远离工作区域
转台和平衡重处	警告 WARNING 有撞击危险，请远离覆盖运动！ Crash hazard. Keep away from overhead movement!	警告：有撞击危险，请远离覆盖运动
转台和平衡重处	注意 CAUTION 上部高度较低！ 小心碰头。 Low clearance! Mind your head.	注意：上部高度较低！小心碰头

续表

安装位置	图示	警示内容
主臂和副臂处	 危险 DANGER 有掉落的危险！ 请系好安全带。 Fall hazard! Wear safety belt.	危险：有掉落危险！请系好安全带
卷扬机构处	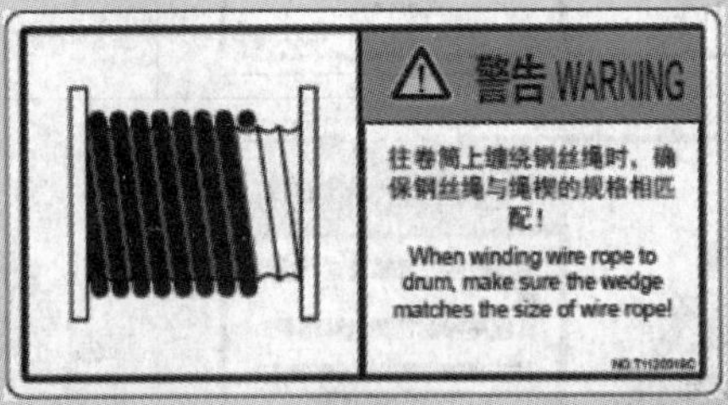 警告 WARNING 往卷筒上缠绕钢丝绳时，确保钢丝绳与绳楔的规格相匹配！ When winding wire rope to drum, make sure the wedge matches the size of wire rope! NO.T1120049C	警告：确保钢丝绳与绳楔的规格相匹配
尾灯支架	 危险 DANGER 作业行驶状态下车轮之间严禁站人。有被挤伤的危险！ It is forbidden to stand between wheels in travel s tate.Crush danger! NO.T1110013C	危险：有被挤伤的危险！行驶状态下车轮之间严禁站人
尾灯支架	 警告 WARNING 起重作业时，被吊物体下严禁站人！ During lifting operation, no one is allowed underneath lifted load! NO.T1120014C	警告：吊装作业时，被吊物体下严禁站人
发动机罩和机棚处	 危险 DANGER 未经许可进行操作和安装有可能导致死亡！ Operation and I nstallation t hat are not permitted may cause death or injury! NO.T1110036C	危险：未经许可进行操作和安装有可能导致死亡
发动机罩和机棚处	 危险 DANGER 禁止踩踏！ No treading! NO.T1110010C	危险：禁止踩踏

续表

安装位置	图示	警示内容
发动机罩和机棚处	危险 DANGER 禁止踩踏或立于此物表面，可能会导致内部部件损坏。 Do not tread or stand on this surface, otherwise it may result in damage of components inside. NO.T1110301C	危险：禁止踩踏或立于发动机罩或机棚上，可能导致内部部件损坏
发动机罩和机棚处	警告 WARNING 齿轮传动处当心挤手！ Crushing danger!	警告：齿轮传动处当心挤手
发动机罩和机棚处	警告 WARNING 内部机器运行，有被挤伤的危险！ Machine is running inside. Crush hazard!	警告：机棚内部机器运行，可能有被挤伤的危险
发动机罩和机棚处	警告 WARNING 内部电气器，清洗时严禁高压水流直射！ Electrical equipment inside. Do not point it directly with a hydraulic monitor!	警告：机棚内有电气设备，清洗时禁止高压水流直射

2. 警示标识的使用规范

警示标识包括操作者的职责、行驶和作业安全说明、支腿操作说明、各种油料油脂保养说明等，在汽车吊司机使用起重机进行某种操作或者指令时，这些标识能起到提示司机进行规范操作的作用。起重机作业相关人员都应了解警示内容，严格按照要求执行。在起重机进行吊装作业或检查前，应该设置警示线、警示牌。在吊装作业或检查结束后，应拆除警示线、警示牌。

二、消防器材的配置要求及使用规范

1. 消防器材的配置要求

起重机驾驶室配有干粉灭火器，如图 1–19 所示，一般放置在驾驶员座椅附近，使用温度范围是 –20 ~ 55 ℃，注意事项详见灭火器说明。

图 1-19　灭火器的安装位置

2. 防火要求

吊装作业时，燃油，液压油，电气线路和其他易燃物质都是潜在的危险源，应避免在有热源的环境下作业，否则会导致系统过热，可能引发火灾或爆炸，造成人员伤亡。具体防火要求包括如下几点。

（1）车辆启动前清理发动机舱、消声器等高温部件附近的异物，避免因为高温引起异物燃烧，进而引发火灾事故。

（2）车辆启动前清除发动机、消声器附近的燃油，排除液压油管路及油箱破损、渗漏等安全隐患，避免因为油路的泄漏引发燃烧，进而引发火灾事故。

（3）定期检查并排除发动机启动电源线、电瓶充电线、控制器线路老化隐患，避免因电气线路的漏电引发火灾事故。

（4）确保起重机远离火源，包括火星和燃烧的灰烬。

（5）起重机加油或维修时，请勿吸烟。

（6）添加油料时，一定要在空旷的场地进行。

（7）及时清除溢出或飞溅的油料。

（8）保持设备的清洁。

3. 消防器材的使用规范

当起重机发生火灾时，汽车吊司机应立即停止吊装作业，迅速撤离现场，同时拨打所在地的火警电话。在救援人员到来之前，不危及操作人员生命安全的前提下，可采用起重机自带灭火器先行实施灭火。事故之后，再次使用起重机前，应仔细检查所有部件、仪器仪表、安全装置等是否工作正常。

灭火器和急救箱是火灾和其他人身伤害发生时的必要防护设施，汽车吊司机需始终将其放置在机器的指定位置，同时遵循以下内容。

（1）确保灭火器功能正常可靠。

（2）熟悉提供的灭火器的使用和维护方法。

（3）在驾驶室里安装的便携式灭火器应适用于 A、B、C 类火灾，重量不低于 6 kg。

（4）将急救箱放置在指定位置并定期检查。

（5）准备一份急救电话清单，以备急用。

相关链接

灭火器的使用方法

1. 使用手提式干粉灭火器时，应手提灭火器的提把，迅速赶到着火处。

2. 在距离起火点 5 m 左右处使用灭火器。在室外使用时，应占据上风方向。

3. 使用前，先把灭火器上下颠倒几次，使筒内干粉松动。

4. 如使用的是内装式或贮压式干粉灭火器，应先拔下保险销，一只手握住喷嘴，另一只手用力压下压把，干粉便会从喷嘴喷射出来；如使用的是外置式干粉灭火器，则一只手握住喷嘴，另一只手提起提环，握住提柄，干粉便会从喷嘴喷射出来。

5. 用手提式干粉灭火器扑救流散液体火灾时，应从火焰侧面对准火焰根部喷射，并由近而远，左右扫射，快速推进，直至将火焰全部扑灭。

6. 用手提式干粉灭火器扑救容器内可燃液体火灾时，应从火焰侧面对准火焰根部左右扫射。当火焰被赶出容器时，应迅速向前，将余火全部扑灭。灭火时应注意不要把喷嘴直接对准液面喷射，以防干粉气流的冲击力使油液飞溅，引起火势扩大，造成灭火困难。

7. 使用手提式干粉灭火器扑救固体可燃物火灾时，应对准燃烧最猛烈处喷射，并上下、左右扫射。如条件许可，使用者可提着灭火器沿着燃烧物的四周边走边喷，使干粉灭火剂均匀地喷在燃烧物的表面，直至将火焰全部扑灭。

8. 使用干粉灭火器应注意灭火过程中应始终保持灭火器处于直立状态，不得横卧或颠倒使用，否则不能喷粉；同时注意干粉灭火器灭火后应防止复燃，由于干粉灭火器的冷却作用甚微，在着火点存在炽热物的条件下，灭火后易复燃。

9. 每月对灭火器进行一次外观检查，主要检查灭火器压力表，当压力表指针低于绿线区时，应立即充压维修；新购买的 A、B、C 干粉灭火器罐体应五年进行一次水压测试，第一次检测后，以后每两年进行一次水压测试，罐体强制报废期限为十年。

学习单元 8　规范填写记录本

检查是起重机安全作业的基本保障，每次检查均需按照要求，客观、公正、准确地填写记录本。

一、记录本的格式

常见的起重机检查记录本（表）如图 1–20 所示，内容包括起重机型号、设备编号、检查人、检查日期、检查内容、检查结果判定等。

二、记录本的填写要求

检查人对本次检查的有效性、真实性负有责任，每次检查必须按以下规范填写记录本。

1. 起重机型号

根据所检查和使用的起重机铭牌填写型号，如 XCT20 汽车起重机。

起重机检查记录本（表）

起重机型号：＿＿＿＿＿＿＿＿＿＿ 设备编号：＿＿＿＿＿＿＿＿＿＿

检　查　人：＿＿＿＿＿＿＿＿＿＿ 检查日期：＿＿＿＿＿＿＿＿＿＿

检查内容	检查结果			检查内容	检查结果		
行驶系统	合格	不合格	问题	起重机	合格	不合格	问题
1. 驾驶室				1. 液压管路无渗漏、剐蹭、磨损			
1）窗户				2. 液压油面高度			
2）踏板				3. 油缸无渗漏			
3）转向				4. 液压系统运动部件无抖动			
4）喇叭				5. 回转（检查轴承间距，螺栓、螺母安装是否到位）			
5）雨刮器				6. 平台和通道的防滑表面			
2. 车轮				7. 起重机臂中心轴（检查裂缝和润滑）			
1）轮胎（裂缝、腐蚀）				8. 卷扬总成（检查裂缝和润滑）			
2）轮毂（裂缝）				9. 导向滑轮（检查裂缝和润滑）			
3）螺栓（是否完整，是否拧紧）				10. 滑轮组（检查裂缝和润滑）			
3. 转向与刹车系统操作检查				11. 滑轮组、吊钩（检查裂缝、变形和安全销）			
4. 倒车报警器				12. 起重臂（有无弯曲或者凹陷）			
5. 支腿				13. 主卷、副卷的钢丝绳			
1）固定钩				1）直径、滑轮磨损检查			
2）支腿垫板（检查裂缝和变形）				2）末端连接（阀座、销轴、卡子）			
6. 驱动系统，操作检查				3）无绞扭或永久性弯曲			
7. 灭火器				4）断丝检查			
8. 发动机				5）三圈保护检查			
1）冷却液液位				14. 操纵室			
2）机油液位				1）窗户			
3）电瓶线是否损坏				2）喇叭			
4）附近无易燃物				3）载荷表			
5）异响、振动				4）雨刮器			
9. 金属铭牌				5）起重机司机手册			
1）名称、型号				15. 灭火器			
2）制造厂名				16. 转动部件防护罩			
3）出厂日期				17. 配重，不超过制造商的规范			
4）出厂编号				18. 力矩限制器			
				19. 起升高度限位开关			
				20. 幅度指示器			
				21. 水平仪			

问题	
项　　目	整改日期

图 1–20　起重机检查记录本（表）

2. 设备编号

指这台起重机的 VIN 码，可以在起重机的铭牌上查找出来，例如某台起重机的 VIN 码为“☆ 1G1BL52P7TR115520 ☆”，填写时可以不填“☆”。

3. 检查人

应规范填写检查人的全名，以备劳动纪律部门、起重机发生重大施工事故后安全监察部门等检查。

4. 检查日期

正确填写年、月、日，建议填写到检查的时、分。

5. 内容项

若检查项目合格，打“√”；若检查项目不合格，打“×”；若检查项目发现问题，应简述问题，也可单独写出问题，与记录本一起保存。

6. 问题

发现起重机存在问题时，不仅应完整记录问题现象及建议整改日期，还应向起重机管理人员汇报，以判断该起重机是否能够继续工作。

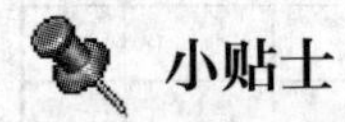

小贴士

VIN 码是车辆识别号码（vehicle identification number）或车架号码的简称，是用于汽车上的一组独一无二的号码，可以识别汽车的生产商、引擎、底盘序号及其他性能等资料，由 17 位的数字和大写字母构成。第一位到第三位是车辆的制造厂识别代码，第四位到第九位是车辆说明部分，第十位到第十七位是车辆指示部分。

为避免与数字的 1、0、9 混淆，英文字母“I”“O”“Q”不使用。在第九位只能是 0~9 的数字或大写字母“X”，最后边的四位全部都是数字，不能是字母。

三、记录本的更改要求

起重机检查记录本应该作为起重机档案的一部分，在起重机发生安全事故时，作为事故责任的认定证据之一，提供给安全检查部门、公安部门等。为了客观、公正的记录起重机的状态，避免人为因素的干扰，一旦签字确认，起重机检查记录本就不再允许更改。

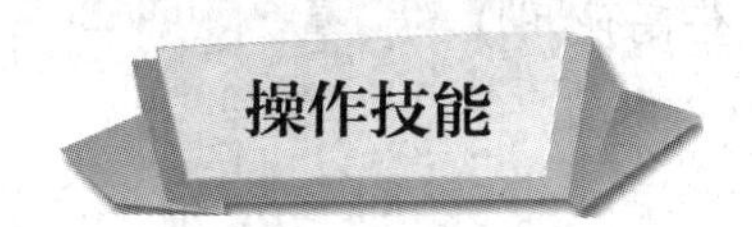

【操作任务 1】

检查油液

一、操作准备

1. 实训场所：室外开阔地面（30 m×30 m）。

2. 物品准备：25 t 汽车起重机 1 台（停放于场地正中间），起重机支腿全伸、调平；从液压油箱中抽出部分液压油使液压油量不足；燃油若干，润滑油若干，液压油若干，冷却液若干。

二、操作步骤

步骤 1：检查起重机外观。

步骤 2：查看各种油液的颜色、味道，理解油液的用途。

步骤 3：查找到燃油箱，熟悉打开、关闭方法，正确识读油标尺。

步骤 4：判断是否需要加注燃油，如果需要，进行燃油加注操作。

步骤 5：查看回转、卷扬、吊臂等润滑点。

步骤 6：判断是否需要加润滑油，如果需要，进行润滑油加注操作。

步骤 7：查找到液压油箱，熟悉打开、关闭方法，正确识读油标尺。

步骤 8：判断是否需要加注液压油，如果需要，进行液压油加注操作。

步骤 9：查找到膨胀水箱，熟悉打开、关闭方法，正确识读冷却液位。

步骤 10：判断是否需要加注冷却液，如果需要，进行冷却液加注操作。

【操作任务 2】

检查承载部件

一、操作准备

1. 实训场所：室外开阔地面（30 m×30 m）。

2. 物品准备：25 t汽车起重机 1 台（停放于场地正中间），起重机支腿全伸、调平；报废钢丝绳 1 段，新钢丝绳 1 段，人字梯 1 个（登高使用）。

二、操作步骤

步骤 1：检查起重机外观。

步骤 2：检查卷扬钢丝绳外观完整性。

步骤 3：检查卷扬钢丝绳磨损程度、是否变形，结合全新的钢丝绳和报废钢丝绳，判断钢丝绳是否能够继续使用。

步骤 4：检查吊钩外观完整性。

步骤 5：检查吊钩断面磨损是否异常。

步骤 6：检查吊钩钩头锁止装置运动是否正常。

步骤 7：检查吊钩滑轮组外观完整性、磨损程度、是否变形。

步骤 8：检查臂头滑轮组外观完整性、磨损程度、是否变形。

步骤 9：检查起重机卷扬减速机的卷筒、马达、管路、防脱绳装置连接螺栓是否正常。

步骤 10：检查起重机卷扬减速机是否有磕碰、变形。

步骤 11：检查起重机卷扬减速机是否漏油。

【操作任务 3】

检查操纵件及指示器

一、操作准备

1. 实训场所：室外开阔地面（30 m×30 m）。

2. 物品准备：25 t汽车起重机 1 台（停放于场地正中间），起重机支腿全伸、调平；人字梯 1 个（登高使用），破损电瓶线 1 段，新电瓶线 1 段。

二、操作步骤

步骤 1：检查电源总开关，右旋开启电源总开关，左旋关闭电源总开关。

步骤 2：检查操作按钮外观完整性。

步骤 3：操作急停开关使起重机紧急停止，释放急停开关。

步骤 4：检查电瓶线是否有可能引发短路的磨损，对比新电瓶线和报废电瓶线，判断电瓶线是否需要更换。

步骤 5：检查起重机作业用机械式操纵手柄（或者液压先导操纵手柄、电比例操纵手柄）有没有卡滞。

步骤 6：检查水平仪是否能够正确指示起重机水平度。

步骤 7：检查转速表读数与起重机实际状况是否相符，读出累计小时数。

步骤 8：检查机油压力表读数与起重机实际状况是否相符。

步骤 9：检查水温表读数与起重机实际状况是否相符。

步骤 10：检查气压表读数与起重机实际状况是否相符。

【操作任务 4】

检查安全装置

一、操作准备

1. 实训场所：室外开阔地面（30 m×30 m）。

2. 物品准备：25 t 汽车起重机 1 台（停放于场地正中间），起重机支腿全伸、调平；吊臂伸出长度 20 m，回转到右前方 45°，4 倍率，变幅仰角 60°，吊钩释放距离地面 1 m 高度；起重机通电，断开 1 个变幅油缸上力矩限制器的压力传感器制造 1 个故障；人字梯 1 个（登高使用）。

二、操作步骤

步骤 1：检查力限器组件是否完整、是否有破损。

步骤 2：检查操作按钮外观完整性。

步骤 3：检查力限器的显示器、开关等是否能够正常工作。

步骤 4：检查显示器有无错误、报警等信息。

步骤 5：查看当前吊臂实际长度与显示器显示长度是否一致。

步骤 6：查看当前吊臂实际角度与显示器显示角度是否一致。

步骤 7：估算当前实际起重量与显示器显示实际起重量是否一致。

步骤 8：估算当前实际力矩百分比与显示器显示实际力矩百分比是否一致。

步骤 9：检查力矩限制器的其他参数与真实情况是否一致。

步骤 10：用手托起高度限位器的重锤使高度限位器的钢丝绳不受拉，观察高度限位是否报警。

步骤 11：松开手使高度限位器的钢丝绳受拉，观察高度限位报警是否解除。

培训课程 3 作业中操作

学习单元 1　识读额定起重量图表

每次进行吊装作业时，在获知吊装任务后，汽车吊司机应该根据施工要求，查看额定起重量图表，选择经济、快速的施工工况，完成吊装作业。

一、认识额定起重量图表

1. 额定起重量图表的定义

额定起重量图表也称性能表，能够反应起重机的起吊能力，详细说明起重机在特定的臂架组合与支撑条件下的起重量、起重机架设方法、操作注意事项等。额定起重量图表体现了决定一台起重机起重量的 3 个主要因素。

（1）臂架组合形式。不同的臂架组合形式起重能力不同，例如，不同臂长时起重量不同，相同臂长但主臂和副臂的组合形式不同时起重量也不同。

（2）支撑条件。不同的支腿支撑形式起重能力不同，例如，全伸支腿比半伸支腿起重能力强，使用第五支腿比不使用第五支腿起重能力强。

（3）操作注意事项。决定起重能力的还有其他注意事项，例如使用平衡重（也称为配重）的重量，同样臂架组合和支撑条件下，配重越重起吊时越稳定。

2. 额定起重量图表的内容

额定起重量图表至少包括以下内容。

（1）该额定起重量值对应的起重机的产品型号。

（2）达到该额定起重量值所需的配重资料，仅有一块配重且该配重固定安装在起重机上时可以不说明。

（3）达到该额定起重量值适用的支撑方式，如支腿的跨距。

（4）达到该额定起重量时支腿最大支反力。

（5）达到该额定起重量时臂架的组合形式。

（6）达到该额定起重量时的限制条件，如在前方吊重时使用第五支腿等。

3. 额定起重量图表的表现形式

常见起重机额定起重量图表主要有三种表现形式，供汽车吊司机查看。

（1）粘贴式额定起重量图表。主要作业工况采用单张纸印刷，贴在操纵室内司机作业区域旁，如图 1–21 所示。

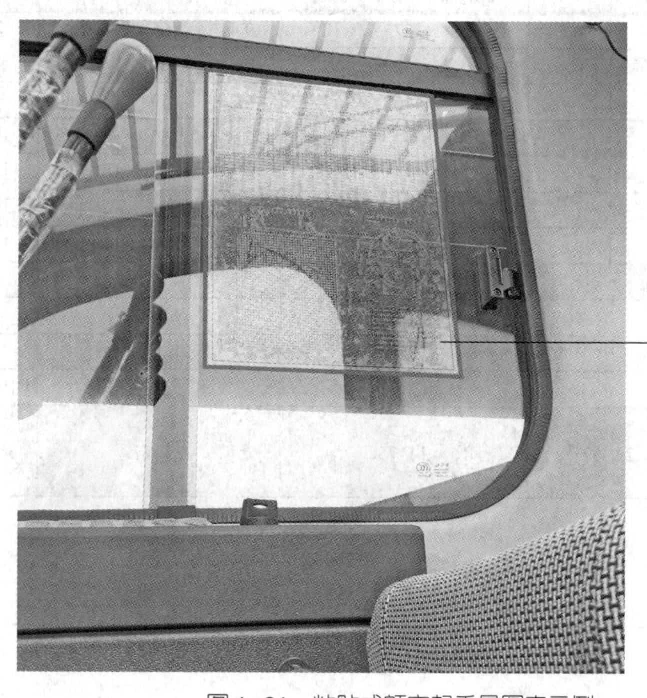

图 1–21　粘贴式额定起重量图表示例

（2）书本式额定起重量图表。详细作业性能表如图 1–22 所示，通常印刷在起重机操作手册（或说明书）内，也可单独印刷 1 本《×××产品额定起重量图表》。

主臂额定起重量图表（全伸支腿，2 t平衡重）

不支第五支腿，起重臂位于起重机侧方或后方；支第五支腿，360°全回转										
	基本臂10 m			中长臂14.4 m			中长臂18.8 m			
	起重量（t）	吊臂仰角（°）	起升高度（m）	起重量（t）	吊臂仰角（°）	起升高度（m）	起重量（t）	吊臂仰角（°）	起升高度（m）	
3	16	67	10.5	13.9	75	15				3
3.5	16	64	9.9	13.9	73	14.8	12.5	77	19.4	3.5
4	16	60	9.6	13.9	71	14.6	12.5	76	19.3	4
4.5	15.5	57	9.3	13.7	68	14.4	12.5	74	19.1	4.5
5	14.6	53	8.9	13.0	66	14.1	12.5	73	18.9	5
5.5	13.2	49	8.4	12.2	64	13.9	12.1	71	18.7	5.5
6	11.3	45	7.9	11.5	62	13.6	11.2	69	18.5	6
6.5	9.8	41	7.3	10.2	59	13.3	10.6	68	18.3	6.5
7	9	36	6.6	9	57	12.9	9.4	66	18	7
8	7.2	22	4.4	7.1	52	12.1	7.5	62	17.5	8
9				5.9	46	11.1	6.2	59	16.9	9
10				4.9	40	9.9	5.2	55	16.2	10
12				3.6	24	6.3	3.7	47	14.4	12
14							2.9	37	11.9	14
16							2.0	24	8.2	16
n	6			6			5			n
二节臂	0			20%			40%			二节臂
三节臂	0			20%			40%			三节臂
四节臂	0			20%			40%			四节臂
	22~67			24~75			24~77			
t	200 kg									

图 1–22　书本式额定起重量图表示例

（3）电子式额定起重量图表。随着起重机智能化水平的提升，部分起重机产品的额定起重量图表存储在显示器内，如图 1–23 所示。在汽车吊司机输入作业的关键条件后，车载计算机自动查询、推荐优先的工况，供汽车吊司机参考。

二、识读额定起重量图表

1. 识读额定起重量图表的方法

使用起重机起吊重物时，应能够正确识读额定起重量图表。本教材以使用某

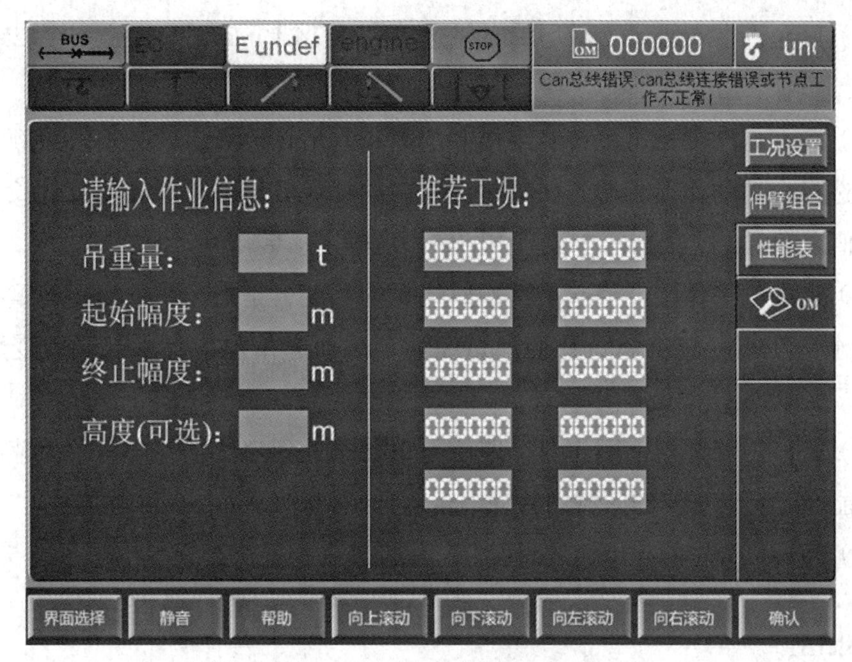

图 1–23　电子式额定起重量图表示例

台起重机起吊 10 t 重物、最大工作幅度 6.3 m、最大起升高度 15 m 的情况为例，说明查看和识读粘贴式或书本式性能图表、选择合适工况的方法。

（1）起吊重物重量为 10 t，考虑吊钩、钢丝绳、吊具等重量，估算最大起重量为 10.5 t。

（2）查看如图 1–20 所示的性能表，工作幅度 6.3 m、最大起重量为 10.5 t 的工况不存在，需考虑满足作业要求的其他工况。

（3）首先查看工作幅度，与 6.3 m 幅度最接近的是 6.5 m，在此幅度下，中长臂 18.8 m 时，最大起重量为 10.6 t、最大起升高度为 18.3 m，超过目标情况的起重能力，能够满足需求工况，如图 1–20 所示。

（4）根据性能表要求，此时支腿全伸、2 t 平衡重（见图 1–20 最上方括号内），二、三、四节臂各伸出 40%，倍率（钢丝绳在吊钩动滑轮上的股数）为 5，选择 200 kg 的吊钩，吊臂仰角控制在 68° 左右，伸第五支腿时，可以进行 360° 全回转，工况设计完成。

2. 识读要点

（1）性能表中所列起重量单位均为吨（t）。

（2）表中额定总起重量值是该起重机处于平坦、坚实的地面上时，能够保证的最大总起重量，包括吊钩和吊具的重量。

（3）只允许在 5 级风（平均瞬时风速不高于 14.1 m/s、风压不高于 125 N/m^2）以下进行作业。

（4）吊重前汽车吊司机在确定作业范围和起吊物重量后，必须依照额定起重量图表选择合适的作业工况，严禁超出表中的规定数值作业。幅度及臂长在相邻两个数值之间时，应依据两个数值中的较小值确定吊装作业工况。

（5）表中的工作幅度为起吊重物离地时的幅度，是指起吊重物到起重机回转轴线的水平距离，包括起重臂变形量在内，因而起吊前应考虑起重臂变形量的影响。

（6）应按主臂仰角范围作业，即使是空载，也不应使主臂仰角超出范围，主臂也只能在起重时规定的区域内移动，否则有倾翻的危险。

（7）臂端单滑轮的起重性能同主臂起重性能，但最大起重量不得超过 5 t。

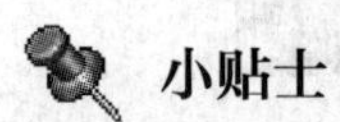

严禁起吊超出额定起重量图表中规定的最大起重量限值的重物，作业时需在要求范围内操作起重机和吊臂，否则起重机有倾翻的风险。

学习单元 2　使用吊具

一、常用吊具的种类

起重机吊装作业的常用吊具可按使用场景和刚度分类。

1. 按照吊具使用场景分类

吊具按照使用场景可以分为常规吊具与非标吊具。

（1）常规吊具。如链式吊具、吊点、钢丝绳、吊带等，如图 1–24 所示，主要用于日常生产生活施工、基础设施建设等领域。

钢丝绳是汽车起重机最常用的吊具之一，其优点是承载能力高、自重轻、价格便宜；缺点是表面易磨损及侵蚀造成断丝，从而影响吊重效果，此外钢丝绳不能进行绕行吊装，僵性大，不易存储且无法调整使用长度。

吊带也是最常用的吊具之一，采用高强度聚酯（耐酸、不耐碱）、聚丙烯（耐酸碱）或聚酰胺（耐碱、不耐酸）工业强力长丝为原料，经工业织机编织或缠绕穿心而成。其优点是不破坏被吊物品表面，强度高，重量轻，便于携带，柔软，便于操作，耐腐蚀，不导电；缺点是吊装中容易被尖角割破、不适用于高温及高沙尘环境、耐磨性低、作业时不能随时调整使用长度。

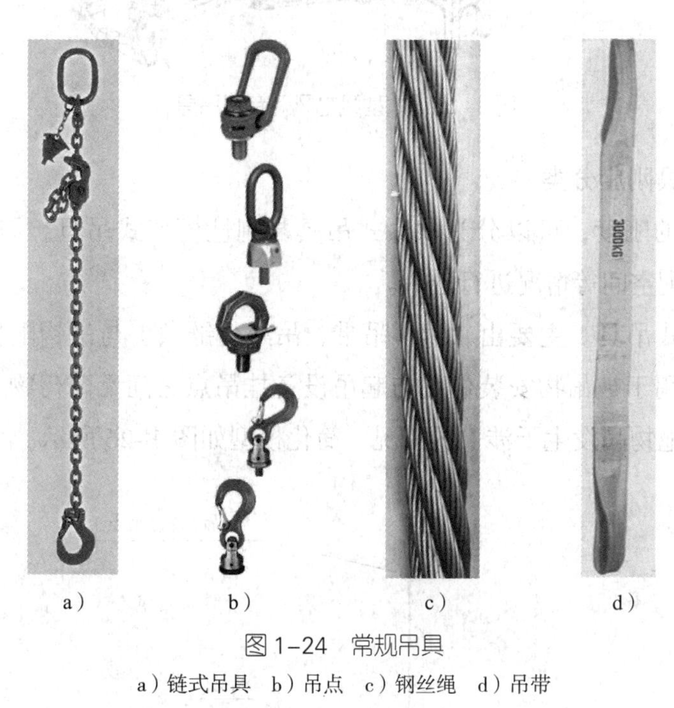

a） b） c） d）

图 1–24 常规吊具

a）链式吊具 b）吊点 c）钢丝绳 d）吊带

（2）非标吊具。专门用于特定吊装目标的吊具，如风机吊具、塔筒吊具、叶片吊具、轮毂吊具、汽轮机等，主要用于钢板吊装、锅炉吊装、高铁桥梁吊装、风电吊装等作业中。

专用吊具使用至少满足以下三点要求。一是在进行吊装技术的应用中，满足单台起重机吊装控制微调技术处理，能够实现空中吊装技术处理的开合、夹持和旋转等动作；二是在安装技术的应用过程中，需要按照对应安装区域内的风环境进行对应的安装技术控制，一般情况下环境超过四级风就不能进行吊装作业；三是在安装工艺的应用过程中，专用吊具在起重机动作时应能够控制吊装物体的重心，避免吊装过程的运动干涉或剧烈倾斜运动。整个吊具的设置中对应的结构主要分为俯仰机构、旋转机构、抱合机构、夹持力、配重、液压系统和控制系统七部分。如图 1–25 所示为风电安装中的 L275–6.0 型叶片具体的系统结构，其整体的叶片长度为 75 m，对应的配重后重量为 33 t，整个叶片重量为 1 t、位置为 22.35 m。

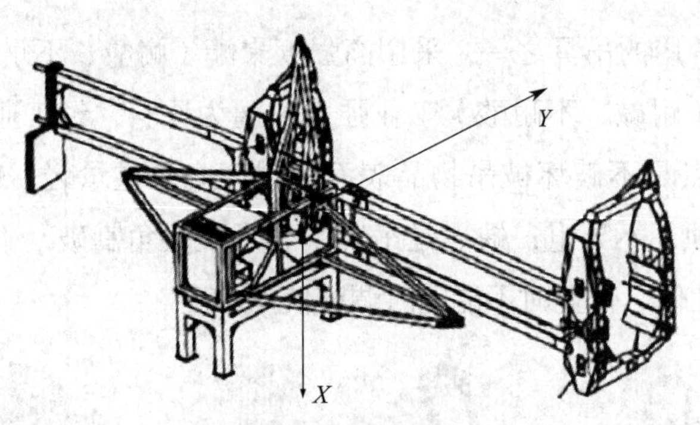

图 1-25　大型风电风叶专用吊具

2. 按照吊具刚度分类

按照吊具的刚度，可以分为软索式吊具与刚性框架式吊具，需根据被吊物、装配位置、装配空间等情况进行选择。

（1）软索式吊具。主要由软索（吊带、吊绳、链条）与吊钩配合使用，为常规性吊具，适用于被吊物安装位置与起吊设备挂吊点之间无障碍物（起吊过程中吊绳不会与其他物品发生干涉）的情况，简化模型如图 1-26 所示。

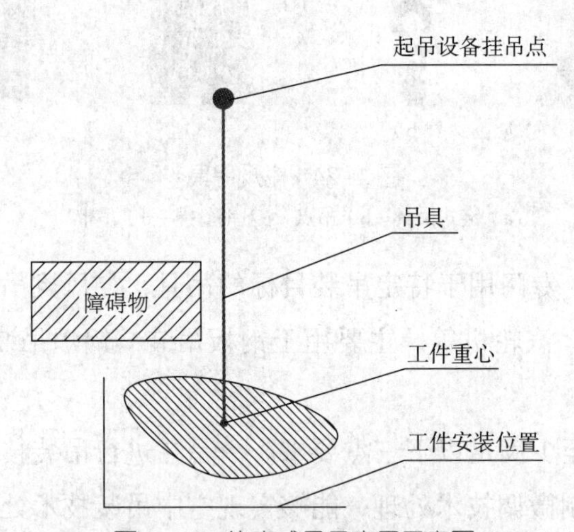

图 1-26　软索式吊具应用示意图

（2）刚性框架式吊具。主体为刚性框架结构，适用于被吊物安装位置与起吊设备挂吊点之间有障碍物的情况，此时吊绳会与障碍物干涉，软索式吊具无法使用，简化模型如图 1-27 所示。

二、常用吊具的使用方法及注意事项

规范使用吊具是提高吊装效率、保障吊装安全的基础。

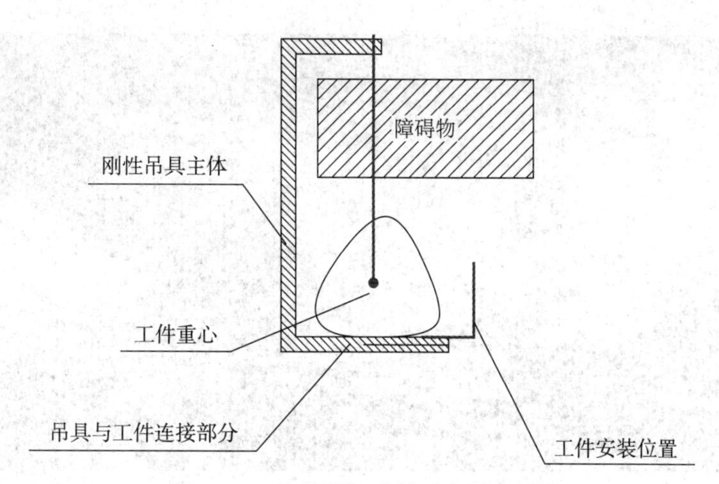

图 1–27 刚性框架式吊具应用示意图

1. 吊点位置选择

由于起吊后挂吊点与被吊物重心必定在一条竖直线上，因此一般情况下，挂吊点必须位于被吊物重心的正上方，这样可以保证被吊物平稳吊起。

若根据装配需求，需要被吊物倾斜一定角度，可以通过改变吊绳长度（软索式吊具），或者改变挂吊点位置使工件呈一定斜度。

2. 安全系数确定

安全性是设计吊具的重中之重，必须保证使用吊具过程中使用者和被吊物的安全。常规吊具设计安全系数为 4∶1（例如实际起吊能力为 10 t 时，吊具的起吊能力应不低于 40 t），特定情况也可以采用 5∶1 或者 6∶1 的安全系数。

3. 吊绳夹角要求

从受力情况、使用寿命等方面考虑，对于多腿的软索式吊具，两根吊绳间的夹角应在 30°～90° 之间，一般控制在 60° 左右较为适宜。

4. 注意事项

在吊装作业时，吊装工负责在起重机的吊具上挂和卸下重物，并根据重物重量大小、结构形式、作业环境等选择合适的吊具。例如风电安装作业中，由于被吊物体重量重、起吊高度高、高空风速大于地面风速等原因，应选择安全系数高的吊具，如图 1–28 所示。吊具使用的注意事项包括如下内容。

（1）要按吊重物品的重量选择吊索具，每种吊具使用时均不得超过其额定起重量，缓冲弹簧也不得过度拉伸。

（2）吊挂前，应确认重物上设置的起重吊挂连接装置牢固可靠，吊装作业前应确认绑扎、吊挂可靠，找准重心，确保吊点正确。

图 1–28　风电安装中吊具的使用

（3）吊装作业中应平稳起吊，避免因吊具和起重机或其他设备相互撞击而变形。

（4）吊装作业中不得损坏吊重物品与吊索具，必要时应在吊重物品与吊索具之间加保护衬垫。

（5）吊具在使用过程中，如出现旋锁转动不灵活或不到位的情况，应检查调整螺母，再检查以下内容。

1）棘爪的拉伸弹簧是否损坏，如损坏，应更换。

2）传动机构是否出现卡滞，如由于润滑不良而卡滞，应在传动机构的活动连接处加注润滑油（或润滑脂）；如由于导向销过紧而卡滞，则应适当调松螺母；如由于连接松动、传动管或其他杆件变形而卡滞，应矫正。

3）缓冲弹簧拉伸量是否过小，如过小，应缩短缓冲弹簧连接的钢丝绳长度。

（6）使用中应防止吊具指示板上的指示标识涂料脱落，一旦脱落，需及时用原指示标识的涂料补涂。

（7）对于吊具上的钢丝绳，特别是弯曲处，应适时地清洗并涂以润滑油或润滑脂。

（8）所有油杯，包括棘轮机构油杯、滑动轴承座上的油杯和旋锁箱的油杯，主要活动连接处应根据使用情况适时加注润滑油。

（9）吊索具的检查分为日常检查和定期检查。使用前和使用过程中的检查为日常检查；定期检查每 3 个月进行一次，主要检查内容是吊索具的负荷能力和破损情况，如发现达到报废标准，要立即报废。

（10）对于主要受力构件、吊环、旋锁、耳板及索具卸扣，在正常使用情况下，应至少每 3 个月检查一次，不得有裂纹和严重变形。

（11）应经常检查绳卡是否松动，缓冲弹簧是否过度拉伸，发现问题需及时处理。

（12）钢丝绳吊索端部如采用编结形式，编结长度不得小于该吊索钢丝绳公称直径的 20 倍，并且不能小于 300 mm。

（13）钢丝绳吊索必须由整根绳索制成，中间不得有接头，环形吊索只允许有一处接头。

相关链接

吊具使用“十不准”

1. 不准在吊具、吊物下作业或停留。
2. 不准使用不合格的吊具或停用的吊具。
3. 不准使用达到报废标准、有安全隐患的吊具。
4. 不准使用钢丝绳吊装盛有高温液体的物品。
5. 不准使用普通螺栓做吊具螺栓。
6. 不准使用没有标明允许起重量等技术参数的吊具。
7. 不准在吊具的任何部位进行焊接。
8. 不准超负荷使用吊具，吊物重量不清时不得使用吊具。
9. 不准在吊具上放置重物损伤吊具。
10. 不准把吊具挪为他用。

学习单元 3　启动起重机

起重机一般使用柴油发动机作为动力。柴油机的启动是柴油在气缸内燃烧的复杂的物理–化学变化过程，燃烧的程度直接影响着柴油机的做功能力、热效率和使用期限，更影响起重机的使用安全。

一、按规定上下车

起重机的启动、检查等都需要上下车，但起重机结构具有特殊性，一般外形尺寸较大，在上下车时应遵守以下安全规定，以免发生意外伤害。

1. 攀上起重机前应确保起重机完全停稳，禁止跳上或跳下机器。

2. 应借助梯子扶手等固有通道设施进出操纵室或工作平台。

3. 操作人员与梯子、扶手、踏板保持三点接触，确保身体支撑平衡，如图 1–29 所示。

4. 不得在表面无防滑装置或防滑装置已严重磨损的平台上行走。

5. 操作或维修人员应穿着防滑鞋进入操纵室或作业平台。

6. 不得将吊臂作为通道行走。

7. 不得踩踏支腿横梁或支脚盘上下起重机。

8. 绝不可用方向盘或操纵手柄作为扶手。

9. 保持起重机所有的通道和作业平台清洁、干燥、防滑。

10. 未经允许不得擅自改动起重机固有的通道装置。

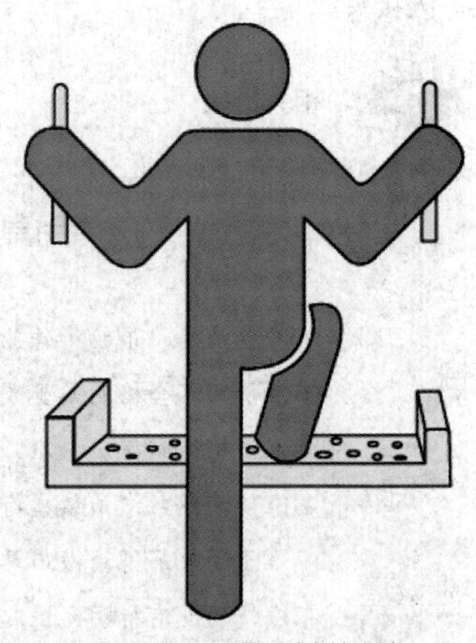

图 1–29　上下车时支撑方法

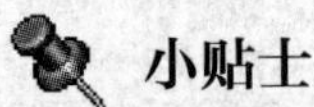

小贴士

上下起重机时小心滑到或绊倒！

在作业之前必须清除附着的油污、泥浆、水或雪，并且保持鞋和操纵室地板的清洁。在操纵室地板或通道上不要放置任何妨碍安全操纵的物品。

二、起重机常温启动程序

1. 启动前检查

在启动发动机前，应做以下检查和准备工作。

（1）检查发动机燃油，保证油液充足。

（2）检查发动机冷却液，保证发动机运转时具有良好的散热能力。

（3）观察仪表盘液晶屏和发动机故障报警灯的工作状态，如果发动机启动前有停机、警示、维护等信号或故障代码，应根据提示内容检修发动机。

（4）保持手制动手柄处于驻车制动状态，防止溜车。

（5）保持起重机置于空挡位置，防止启动后溜车。

（6）保持取力器处于脱开状态，防止启动后起重机异常动作。

（7）保持起重机各操纵手柄处于中位（非动作状态），各动作类开关处于关闭状态，防止作业机构异常动作。

（8）检查发动机熄火（或急停开关）是否能够正常工作，保证若发动机启动后出现异常能够控制发动机紧急熄火。

（9）发动机风扇附近不得有障碍物，否则可能会影响风扇运转。

（10）发动机增压器、消音器等高温部件周围不得有易燃易爆物品，防止发生火灾。

（11）车辆启动前，应注意车辆底部、周围有无其他人员或障碍物，确认安全后方可开动车辆，避免造成人身伤害。

2. 启动操作

起重机通电后，在进行发动机启动操作前应有一定的时间间隔，用于发动机自检，自检的方法如下。

（1）打开电源总开关，发动机启动前电源总开关必须处于接通状态。

（2）打开点火开关，如图 1–30 所示，将钥匙从“OFF”位置转动至“ON”位置，即接通电源，从“ON”位置转动至“START”位置，即启动发动机。启动后，松开手，钥匙会自动回到“ON”位置。如果在 10 ~ 12 s 内未能启动，应立即使钥匙回到“ON”位置，1 min 后再进行第二次启动。如果连续三次不能启动，应停止启动，查找原因。注意发动机启动时，不要踩下加速踏板。

（3）发动机启动后，应进行低速空转，使发动机充分预热，以 1 000 r/min 以下转速运转 3 ~ 10 min，只有在达到正常工作的温度后，才能提高发动机的转速。新车磨合期间发动机转速应控制在 1 800 r/min 以内。

3. 启动后检查

发动机启动后，汽车吊司机应进行如下检查。

（1）发动机机油压力表所显示的油压是否正常（参考“检查操纵件及指示器”有关内容）。

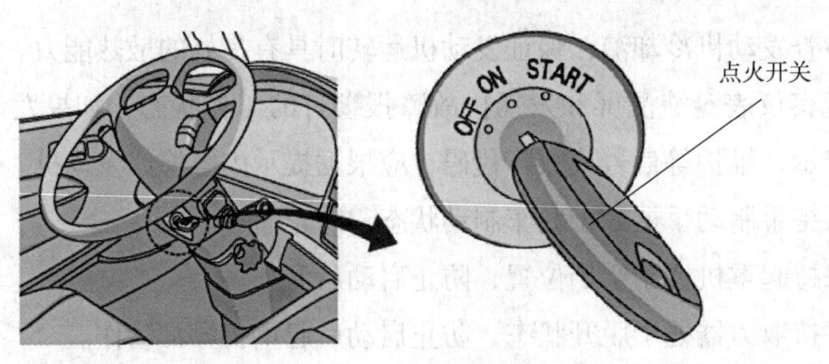

图 1-30 打开点火开关

（2）发动机水温表所显示水温是否正常（参考“检查操纵件及指示器”有关内容）。

（3）充电指示灯是否熄灭（指示灯熄灭表示发电机正常为起重机充电，指示灯亮表示充电不正常）。

（4）起重机是否有异响、异常振动，如果有，应立即熄火检查。

（5）起重机是否有焦煳味道，如果有，应立即熄火检查。

小贴士

发动机启动注意事项

1. 发动机正常运转的情况下不得突然切断电源总开关。由于蓄电池能吸收和抑制电路中产生的高电压，若突然切断电源总开关，会使电路中的电流发生突变，产生瞬变高电压，损坏电气元件。

2. 为了防止发动机启动瞬间对车身控制器和发动机电控单元产生电流冲击，应在发动机启动瞬间确保大功率用电设备处于关闭状态，如娱乐系统、灯光系统等。

三、起重机低温启动程序

低温条件下，由于燃料黏度增加不利于燃油的雾化与燃烧，同时润滑油流动性变差使各零部件运动阻力增大以及蓄电池工作能力降低等因素的影响，极易导致发动机启动困难、机件磨损、功率降低、燃料消耗增加和动力性能下降等问题。为保证起重机在寒冷条件下能够安全使用，应当在做好日常保养的同时，安装低温辅助启动系统，并采用合适的低温启动方式。

本教材介绍几种常见的低温启动方式，所有低温启动装置的使用，都应严格按照产品操作指导书进行。

1. 加注冷启动液

冷启动液由乙醚、低挥发点的碳氢化合物和带有添加剂的低凝点机油组成，是一种辅助启动燃料。其中，带有添加剂的低凝点机油可改善气缸壁的润滑条件，达到冷启动的目的；乙醚易点燃、易压燃，且具有较好的挥发性，其含量越多，柴油机可直接启动的温度就越低，但启动时柴油机工作的粗暴程度也就会越大。因此，使用冷启动液时一定要按规定量加注，切不可过量。

此种启动方法虽可在瞬间启动发动机，但此时机油的温度低、黏度较大，启动后在一段时间内气缸壁上油不多，润滑条件恶劣，发动机工作时机体内作往复运动和回转运动的机件之间会形成干摩擦，使机件磨损加剧。因此，使用冷启动液启动发动机时，应选雾化情况较好的冷启动液，并控制好喷射时间、喷入位置和喷入量，启动后切忌加大油门运转。另外，切忌从空气滤清器的进气口直接喷入冷启动液，以防造成发动机冷机启动运转超速。综上所述，低温启动时应慎用冷启动液。

2. 火焰预热启动

火焰预热启动装置一般由电子控制器、电磁阀、温度传感器、火焰预热塞及燃油管和导线组成，最低工作温度为 −40 ℃，工作过程为电子自动控制，将电热塞加热到 850 ~ 950 ℃后接通发动机，电磁阀自动打开油路，通过燃油管向电热塞供油，进行火焰预热启动。采用该装置启动发动机后，由于此时机油的温度低、黏度较大，启动后在一段时间内气缸壁上油不多，润滑条件恶劣，发动机工作时机体内作往复运动和回转运动的机件之间同样会形成干摩擦，不仅会使机件磨损加剧，摩擦中产生的高温还会使摩擦表面金属熔化，极易造成机件卡死。因此，使用火焰预热装置启动发动机后也应切忌加大油门运转，否则易造成拉缸事故。

3. 循环水加热系统

循环水加热系统也称为燃油加热器加热系统，是近几年新采用的低温辅助启动方式，可通过燃油加热器附带的水泵将发动机机体内的冷却液抽出，通过燃油加热器将其加热后再循环至发动机机体内，以此加热发动机。这种低温启动方式的整个加热过程需 30 ~ 40 min，能将发动机机体温度加热到 40 ~ 50 ℃，此时发动机的机油也得以加热，黏度降低，润滑条件改善，可以实现发动机在低温条件下的顺利启动。这种低温启动方式优点明显，使发动机在低温寒冷条件下的启动性能大大提高。

4. 其他低温启动方式

除上述低温启动方式外，还可采用热水预热法（将加热至沸点的热水注入发动机冷却系统）、蒸汽预热法（蒸汽通过管道从水箱的下水管进入冷却系统，或直接进入发动机冷却水套）、电预热法（将加热器直接插入冷却系统或机油内，此法热效率高，使用也比较方便）等多种方法，应根据实际情况科学选择。

学习单元 4　操作取力装置

取力装置是汽车起重机的重要装置之一，可将发动机的动力经离合器、变速箱传给取力装置，使液压油泵以及整机开始正常工作。起重机作业前，应先操作取力装置，为液压系统提供动力。

一、取力装置的功能及分类

1. 取力装置的功能

取力装置的功能是将发动机的动力传递给液压油泵，油泵将输出的高压油，经过操纵阀分配到起重机各工作装置，从而完成吊装作业所需的动作。

取力时动力传递原理如图 1–31 所示，发动机把动力通过离合器传递给变速箱；在起重机行驶时，变速箱把动力经过传动轴传递给驱动轴，驱动车轮行驶；当需要起重机作业操作时，发动机把动力经过变速箱，传递给取力装置，取力装置把动力传递给液压油泵，为起重机作业提供液压动力。

2. 取力装置分类

常见取力装置主要有三种形式。

（1）空挡取力装置。主要适用于挡位较少的机械变速箱和自动变速箱，取力装置工作时，变速箱必须处于空挡位置，否则发动机动力不能传递给液压油泵。

（2）挡位取力装置。主要适用于挡位数较多的机械变速箱，取力装置工作时，变速箱必须处于目标特定挡位（如 4 挡），否则发动机动力不能传递给液压油泵。

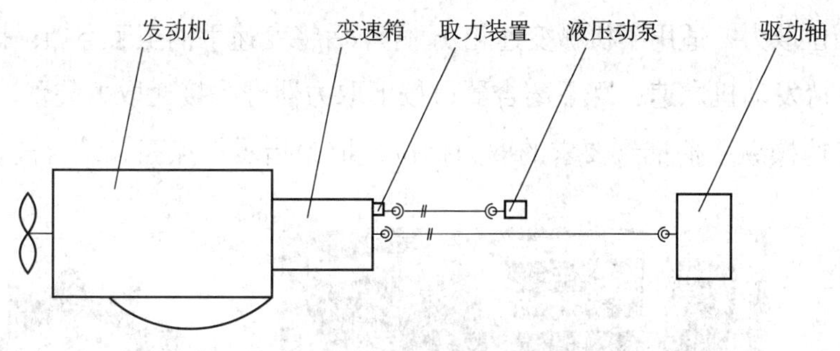

图 1–31　动力传递原理示意图

（3）电子取力装置。主要适用于自动变速箱或手自一体变速箱，变速操纵和取力操纵时都不需要踩离合器，但在取力装置工作时变速箱必须处于空挡。

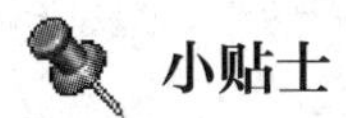

小贴士

1. 行车时必须将取力器开关置于关闭位置。

2. 使用机械式取力系统时，打开或关闭取力器开关前，应先踏下离合器踏板，否则，会造成变速箱的损坏；使用电子取力器时，应保证具有足够的气压。

二、取力装置操作及注意事项

取力器开关位于底盘驾驶室内控制面板上。当车辆需要伸缩支腿以及人员需进行上车作业时，要进行取力装置操作。

1. 取力装置操作的条件

（1）取力装置结合前，操纵室内各操纵手柄均应处于中位。

（2）支腿操纵手柄处于中位。

（3）变速操纵手柄处于空挡或者取力挡位。

（4）底盘处于停车制动状态。

（5）压力值满足产品操作手册的要求，例如气压在 0.5 MPa 以上。

2. 取力装置结合的操作

（1）空挡取力（适用于机械变速箱）。停车后将变速手柄置于空挡；拉紧驻车制动手柄；保持发动机怠速；踩下离合器；按下取力开关接通取力装置；取力指示灯点亮，结合离合器。

(2)挡位取力(适用于机械变速箱)。停车后将变速手柄至于空挡;拉紧驻车制动手柄;保持发动机怠速;踩下离合器;按下取力器开关接通取力装置,如图 1–32 所示;把变速操纵手柄推到要求的取力挡位,取力指示灯点亮,结合离合器。

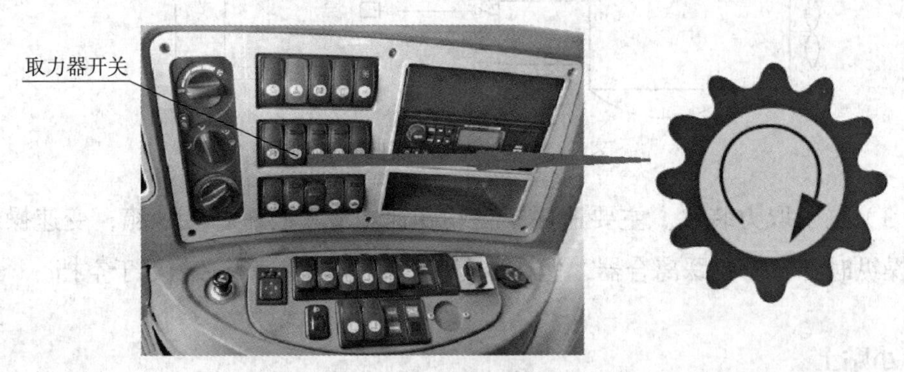

图 1–32　取力器开关

(3)电子取力(适用于自动变速箱或手自一体变速箱)。停车后将变速手柄至于空挡,拉紧驻车制动手柄,保持发动机怠速,按下取力开关接通取力器,取力指示灯点亮。

3. 取力装置断开的操作

(1)断开空挡取力装置(适用于机械变速箱)。将离合器踏板踩到底,彻底分离离合器;操作取力器开关,断开取力器;缓慢松开离合器踏板;停止发动机运行;断开电源开关,此时起重机处于非工作状态。

(2)断开挡位取力装置(适用于机械变速箱)。将离合器踏板踩到底,彻底分离离合器;操作取力器开关,断开取力装置;变速操纵手柄退回空挡;缓慢松开离合器踏板;停止发动机运行;断开电源开关,此时起重机处于非工作状态。

(3)断开电子取力取力装置(适用于自动变速箱或手自一体变速箱)。操作取力器开关,断开取力装置;停止发动机运行;断开电源开关,此时起重机处于非工作状态。

4. 注意事项

(1)操作取力装置时,应缓慢踩下或松开离合器。

(2)取力装置结合后,可以通过支腿操纵装置上的油门加速或减速按钮控制发动机转速。

(3)行驶中误按取力器开关,应立即踩下离合器踏板,否则将非常危险。

学习单元 5 操纵支腿

支腿支撑并且轮胎离地，是起重机作业的前提条件。

操纵起重机支腿前，应从以下两方面检查作业场地：一是起重机作业场地应较空旷，确保有足够的空间完全展开起重机支腿，在支腿完全展开后才能进行上车操作；二是起重机作业支撑面应坚实、水平，作业时场地不应下沉。此外还需注意，操作前应将驻车制动手柄拉到驻车位置，操作取力装置为支腿伸缩提供动力。

支腿结构如图 1–33 所示。

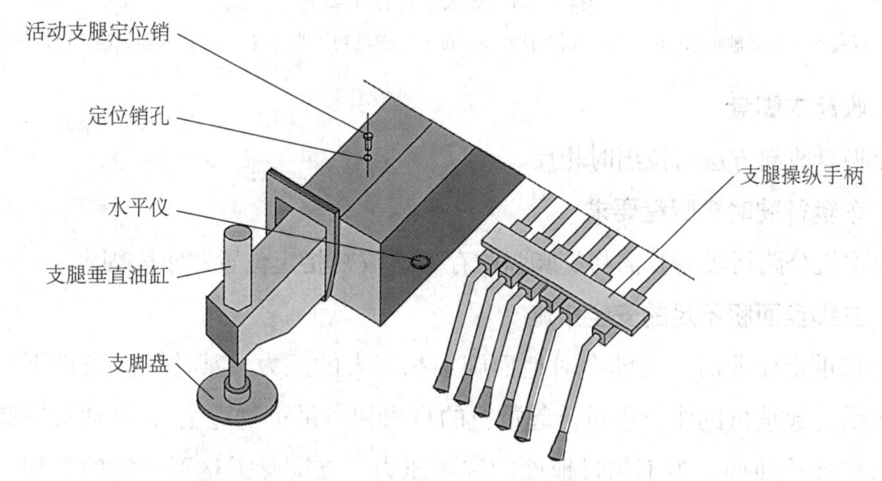

图 1–33 支腿结构示意图

一、支脚盘的操作

用支腿作业时，必须保证起重机轮胎全部离开地面，每个支脚盘都与地面保持良好接触，必要时需在支脚盘下垫进垫木或钢板。

1. 使用支脚盘

伸出支腿前，应将支脚盘从行驶状态（见图 1–34a）拉出。首先拉出固定销（见图 1–34b），将支脚盘拉出（见图 1–34c），然后将拉出的固定销插入内侧销孔（见图 1–34d），才能伸出支腿。

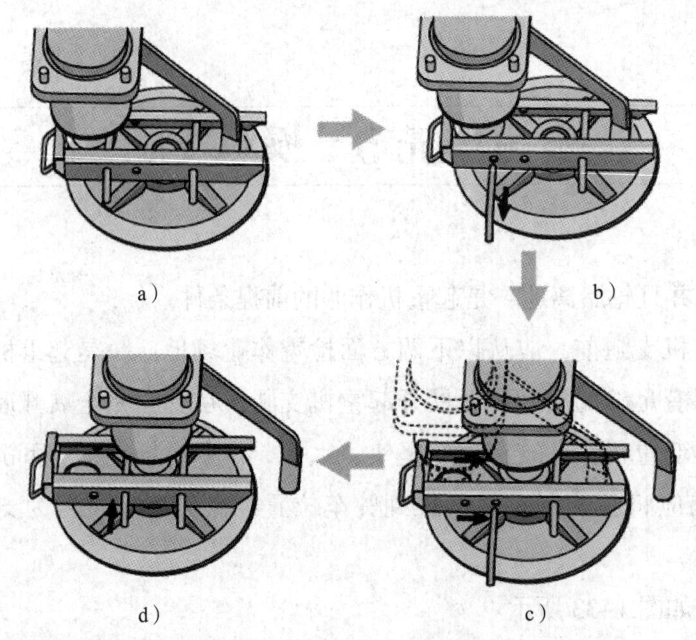

图 1–34　支脚盘操作示意图

a）行驶状态支脚盘状态　b）拉出固定销轴　c）拉出支脚盘到作业位置　d）插入固定销至内侧销孔

2. 收起支脚盘

支脚盘收起方法与拉出时相反。

3. 车辆行驶时支脚盘要求

起重机公路行驶时，需将支脚盘收存好，放在指定位置并牢固固定。

4. 支脚盘面积不足的安全措施

当起重机作业时，支腿会对地面施加相当大的压力，某些工况条件下，单个支腿会承受起重机的作业重量（起重机的自重和所吊重物重量），并通过支脚盘将此压力传递给地面。为不超过地面的许可压力，支脚盘需达到一定的面积，如果支脚盘的面积不足，则必须给每个支脚盘增加钢板或垫木来增加受力面积，钢板或垫木的尺寸可以通过地面的承载能力和起重机的支撑压力计算出来。

例如最大支腿压力为 720 kN=720 000 N，许可的地面压力为 20 N/cm^2，那么需要增加的钢板或垫木面积 = 支腿压力 ÷ 地面承载能力，即 720 000 N ÷ 20 N/cm^2= 36 000 cm^2=3.6 m^2。

当在支脚盘下方垫入钢板或垫木时，应将支脚盘压在钢板或垫木的中心位置以避免受力不均。增加支脚盘受力面积时禁止使用砖块或松木制成的薄木板，这类材料不能达到增大支撑面积的效果，无法减小对地面的作用应力。

二、操纵水平支腿和垂直支腿

起重机的支腿操纵主要包括水平支腿的操纵和垂直支腿的操纵，从操纵方式上可以分为机械支腿操纵和电控支腿操纵。

1. 基本要求

（1）在伸出支腿准备作业时，先伸水平支腿，再伸垂直支腿；在收车时，先收垂直支腿，再收水平支腿。

（2）水平支腿伸缩时，垂直支腿必须离地。

（3）水平支腿伸缩时，应注意观察周围的障碍物，以免发生碰撞。

（4）垂直支腿伸缩时，须保证车身平衡，防止支撑不当导致起重机倾翻。

（5）不允许垂直支腿油缸直接支撑地面，垂直支腿油缸接触地面前必须安装支脚盘。

（6）起重机行驶时，必须缩回并锁定所有支腿。

2. 操纵机械支腿

机械支腿操纵装置一般利用杠杆原理，由手柄和拉杆控制支腿伸缩液压阀，从而操纵支腿的伸缩。不同的起重机产品，机械支腿操纵装置的安装、控制方式都存在差异，本文以徐工集团生产的型号 XCT25 起重机为例，介绍支腿操纵装置及其操纵方法。

（1）支腿操纵装置。起重机各个支腿操纵装置的操纵手柄如图 1–35 所示，其中第五支腿操纵手柄适用于部分配置第五支腿的起重机。

进行机械支腿操纵时，首先确定操纵支腿的类型并选择动作的支腿。不操纵支腿时，序号 1、2、3、4 四个操纵手柄应置于中位；如果选择水平油缸伸缩，序号 1、2、3、4 四个操纵手柄应置于上方位；如果选择垂直油缸伸缩，序号 1、2、3、4 四个操纵手柄应置于下方位；如只需要操纵左侧垂直支腿，则序号 2、4 手柄置于下方位，序号 1、3 手柄置于中位。

操纵支腿伸缩时，序号 6 手柄向上抬起支腿缩回，向下拉则支腿伸出。

通常起重机配置的发动机为电控发动机，在支腿操纵时需要控制支腿操纵盒的支腿油门来调整支腿伸缩的速度，发动机转速越高则支腿伸缩速度越快。支腿操纵盒如图 1–36 所示，一般安装在支腿操纵装置附近。支腿油门开关位于低位时，发动机转速恒定在作业怠速（如 800 r/min），支腿油门开关位于高位时，发动机转速恒定在作业高速（如 1 600 r/min）。有些产品的支腿油门开关为自动复位

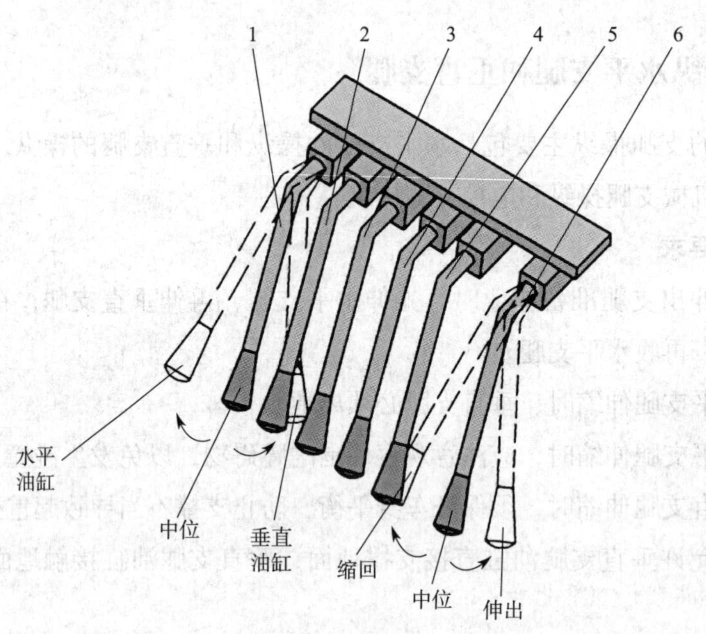

图 1–35　机械支腿操纵装置

1—右前方支腿操纵手柄　2—左前方支腿操纵手柄　3—右后方支腿操纵手柄
4—左后方支腿操纵手柄　5—第五支腿操纵手柄　6—支腿伸缩操纵手柄

开关，开关每向上拨动一次则转速上升一次（如从 800 r/min 增加到 850 r/min），开关每向下拨动一次则转速下降一次（如从 1 500 r/min 下降到 1 450 r/min）。汽车吊司机可以根据支腿地面支撑的情况及对作业速度的期望，通过支腿操纵盒控制油门的大小，进而控制支腿的伸缩速度。

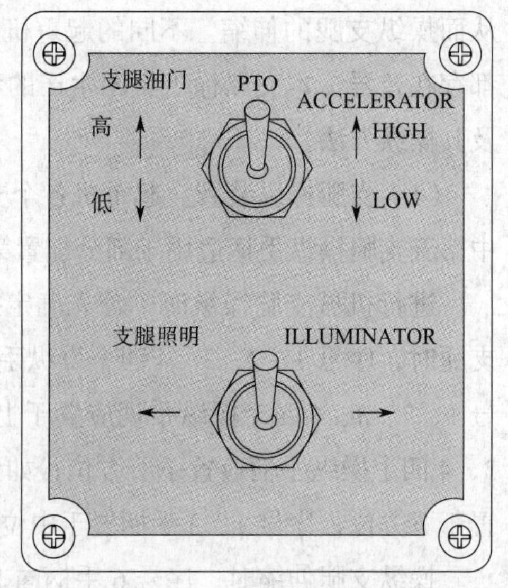

图 1–36　支脚油门操纵盒

部分产品配置有支腿照明装置，即每个支腿上方有一个照明灯，以便于在起重机夜间工作时查看支腿伸缩、支腿支撑地面、支腿支撑受力等情况。支腿照明灯由安装在支腿油门操纵盒上的开关控制。

（2）操纵水平支腿。虽然起重机可以同时控制 1 ~ 4 个水平支腿的伸缩，但是为了操纵安全，一般只允许操纵汽车吊司机能够看到的、位于控制操纵装置一侧的水平支腿。具体操纵方法如下。

1）将驻车制动手柄拉到制动位置。

2）按下驾驶室内取力开关。

3）拔出支腿销。

4）选择伸缩的目标支腿，设置到水平伸缩状态，即将如图 1–35 所示序号 1、2、3、4 中需要控制的支腿操纵手柄操纵到上方位。

5）操纵支腿伸缩，将如图 1–35 所示序号 6 手柄向上抬起时水平支腿缩回，向下拉时水平支腿伸出。

6）操纵如图 1–36 所示的支腿油门开关调整伸缩速度。

7）水平支腿伸缩完成后，将如图 1–35 所示的序号 1、2、3、4 操纵手柄操纵到中位。

（3）操纵垂直支腿。操纵起重机垂直支腿伸缩时，汽车吊司机应观察水平仪和起重机整机情况，防止因支腿的不合理支撑导致危险。具体操纵方法如下。

1）将驻车制动手柄拉到制动位置。

2）按下驾驶室内取力开关。

3）拔出支腿销。

4）选择伸缩的目标支腿，设置到垂直伸缩状态，即将如图 1–35 所示序号 1、2、3、4 中需要控制的支腿操纵手柄操纵到下方位。

5）操纵支腿伸缩，将如图 1–35 所示序号 6 手柄向上抬起时垂直支腿缩回，向下拉时垂直支腿伸出。

6）操纵如图 1–36 所示的支腿油门开关调整伸缩速度。

7）垂直支腿伸缩完成后，将如图 1–35 所示的序号 1、2、3、4 操纵手柄操纵到中位。

3. 操纵电控支腿

电控支腿操纵装置一般采用按钮或开关控制支腿伸缩液压阀，从而操纵支腿的伸缩。不同的起重机产品，电控支腿操纵装置在安装、控制方式都存在差异，本文以徐工集团生产的型号 XCT90 起重机为例，介绍电控支腿操纵装置及控制方法。

（1）电控支腿操纵装置。如图 1–37 所示为示例电控支腿操纵面板，该起重机为“K”形支腿结构，前部为两个摆动水平支腿，后部为普通水平支腿。

（2）操纵水平支腿和摆动支腿。一般情况下，汽车吊司机只可操纵能够看到的、位于控制操纵装置一侧的水平支腿和摆动支腿。具体操纵方法如下。

1）将驻车制动手柄拉到制动位置。

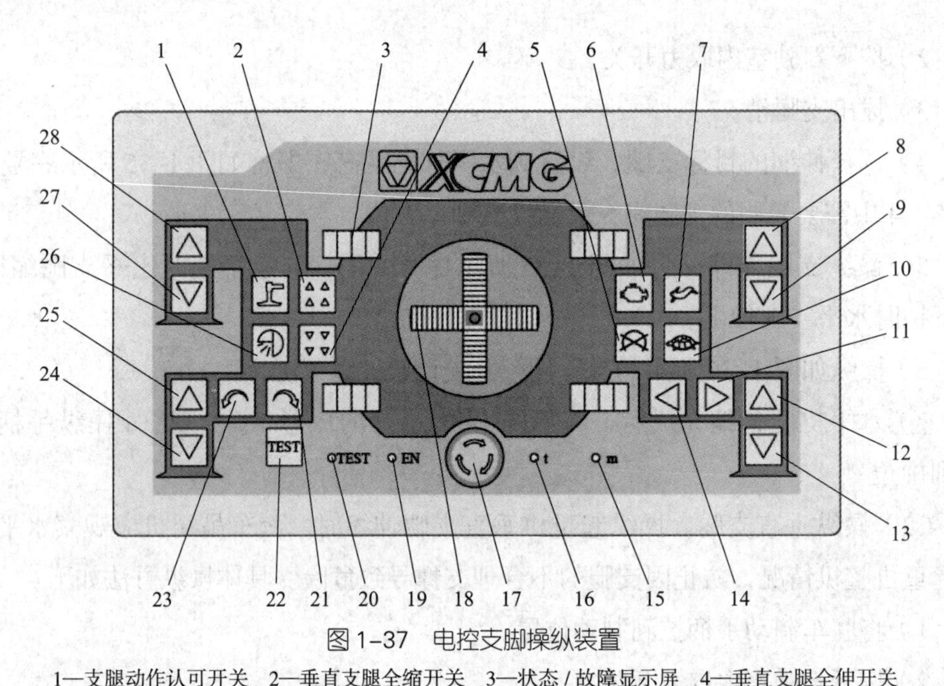

图 1-37　电控支脚操纵装置

1—支腿动作认可开关　2—垂直支腿全缩开关　3—状态 / 故障显示屏　4—垂直支腿全伸开关
5—发动机熄火开关　6—发动机启动开关　7—油门提高开关　8—右后垂直支腿缩开关
9—右后垂直支腿伸开关　10—油门降低开关　11—左后水平支腿伸开关　12—左后垂直支腿缩开关
13—左后垂直支腿伸开关　14—左后水平支腿缩开关　15—支腿长度单位指示灯　16—支腿压力单位指示灯
17—急停开关　18—水平仪显示器　19—支腿动作认可指示灯　20—故障诊断指示灯　21—左前摆动支腿缩开关
22—故障诊断开关　23—左前摆动支腿伸开关　24—左前垂直支腿伸开关　25—左前垂直支腿缩开关
26—支腿照明灯开关　27—右前垂直支腿伸开关　28—右前垂直支腿缩开关

2）按下驾驶室内取力器开关。

3）拔出支腿销。

4）按下支腿动作认可开关，支腿动作认可指示灯点亮，此时方可对面板上支腿伸缩按钮进行操纵。支腿伸缩完成后，再按下支腿动作认可开关，支腿动作认可指示灯熄灭，此时支腿伸缩按钮不再起作用。

5）按下左前摆动支腿伸开关，操纵左前摆动支腿伸出；按下左后水平支腿伸开关，操纵左后水平支腿伸出；按下左前摆动支腿缩开关，操纵左前摆动支腿缩回；按下左后水平支腿缩开关，操纵左后水平支腿缩回。

6）操纵油门提高开关来提升发动机转速，油门降低开关来降低发动机转速。

7）操纵过程中，可以通过开关控制发动机启动或熄火，也可以在危险时刻操纵急停开关使发动机急停。

（3）垂直支腿操纵。操纵起重机垂直支腿伸缩时，汽车吊司机应观察水平仪和起重机整机情况，防止因支腿不合理支撑导致危险。具体操纵方法如下。

1）将驻车制动手柄拉到制动位置。

2）按下驾驶室内取力开关。

3）拔出支腿销。

4）按下支腿动作认可开关，支腿动作认可指示灯点亮，此时方可对面板上支腿伸缩按钮进行操纵。支腿伸缩完成后，再按下支腿动作认可开关，支腿动作认可指示灯点灭，此时支腿伸缩按钮将不起作用。

5）按下如图 1–37 所示序号 9、13、24、27 开关可以操纵对应的垂直支腿伸出，如果按下垂直支腿全伸开关，可以同时操纵四个垂直支腿伸出；按下序号 8、12、25、28 开关可以操纵对应垂直支腿缩回，如果按下垂直支腿全缩开关，可以同时操纵四个垂直支腿缩回。

6）操纵油门提高开关来提升发动机转速，操纵油门降低开关来降低发动机转速。

7）操纵过程中，可以通过开关控制发动机启动或熄火，也可以在危险时刻操作急停开关使发动机急停。

三、操作支腿销

支腿销又称支腿锁止销，是固定水平支腿、防止意外运动的机构。

1. 行驶锁止支腿销

在起重机行驶时，锁止支腿销可以固定水平支腿，防止水平支腿伸出。

水平支腿伸出前，需先将支腿销置于解锁状态。如图 1–38 所示，图中 A 位置为解锁状态，B 位置为锁止状态。

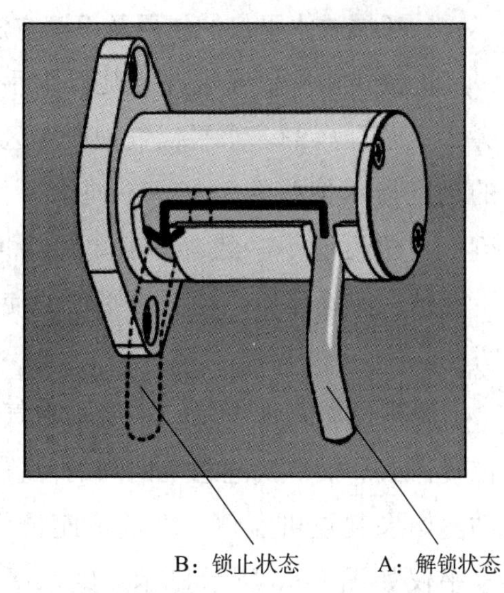

图 1–38 行驶锁止支腿销

2. 作业锁止支腿销

在起重机水平支腿伸出后，锁止支腿销可以固定水平支腿，防止水平支腿伸出或者缩回。

水平支腿伸出后，先将支腿销置于锁止状态。如图 1–39 所示，图 a 位置为解锁状态，图 b 位置为锁止状态。

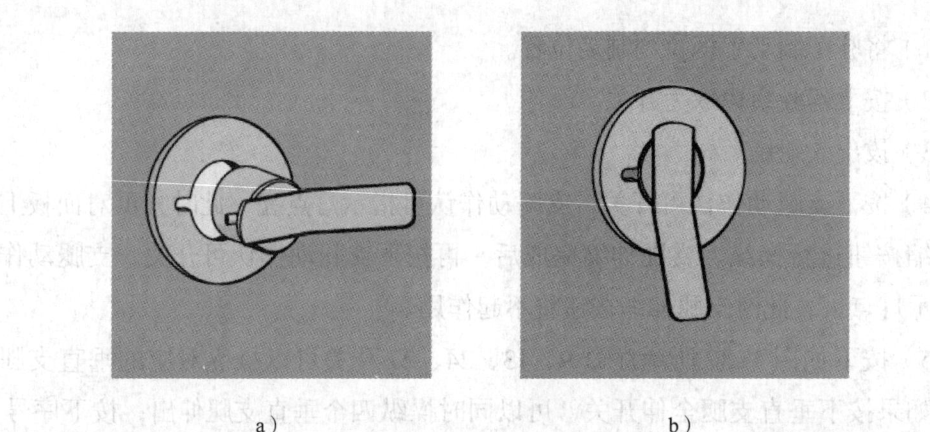
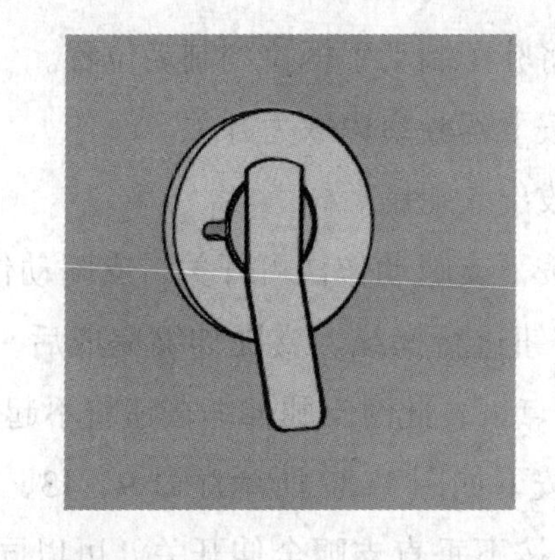

a） b）

图 1–39　作业锁止支腿销

a）解锁状态　b）锁止状态

四、水平仪的作用及识读方法

起重机用水平仪是起重机水平调整的依据，为双轴水平仪（显示为 X 轴、Y 轴）。通常起重机在左、右两侧各有一个水平仪，指示当前起重机支腿调平程度。进行作业前，汽车吊司机必须通过显示器查看水平仪测得的起重机水平度，确定起重机已经调平后才能起吊重物。

1. 机械式水平仪的作用及识读方法

机械式水平仪安装在支腿操纵手柄旁，参见图 1–33。水平仪气泡所在区域的刻度指示偏差的角度，不同水平仪，刻度单位可能不一致，一般单位为度。下面结合实际操作，说明水平仪的使用方法。

图 1–40　机械式水平仪

观察机械式水平仪，主要是看气泡位置，水平仪中气泡总是向高的位置移动。如果起重机左侧（驾驶员座椅侧）水平仪如图 1–40 所示显示，则水平仪下方表示起重机左侧，水平仪左方表示起重机前侧，当前气泡位置在水平仪的第三象限，即下方和左方之间，说明起重机左前方向偏高，应该操纵支腿的升降，使水平仪气泡回到中心点。如果起重机右侧水平仪如图 1–40 所示显示，则水平仪下方表示起重机右侧，水平仪左方表示起重机后侧，当前气泡位置在水平仪的第三象限，即下方和左方之间，说明起重机右后方向偏高。

2. 电子式水平仪的作用及识读方法

电子式水平仪通过角度传感器检测起重机倾角并由显示器显示角度的数值，一般由角度传感器及显示器组成。角度传感器安装在回转中心附近，显示器一般安装在支腿操纵面板上，参见图 1–37 序号 18，显示器垂直安装便于汽车吊司机观察。当水平仪内显示球处在中间位置时，说明起重机支腿已经调平可以进行作业，显示球不在中间位置时说明起重机支腿没有调平不允许进行作业。

观察电子式水平仪，主要是看水平仪上各 LED 灯珠点亮的位置和数量，对应指示灯点亮的个数越多说明该方向越高。如果起重机右侧（副驾驶一侧）水平仪显示如图 1–41 所示，则水平仪上方指示灯对应起重机左侧，水平仪右方指示灯对应起重机前侧，说明该水平仪显示起重机左侧较高，而且前方比后方稍高，应该操纵支腿的升降，使所有代表前后左右偏差的指示灯熄灭。如果起重机左侧水平仪显示如图 1–41 所示，则水平仪上方指示灯对应起重机右侧，水平仪右方指示灯对应起重机后侧，说明该水平仪显示起重机右侧较高，而且后方比前方稍高。

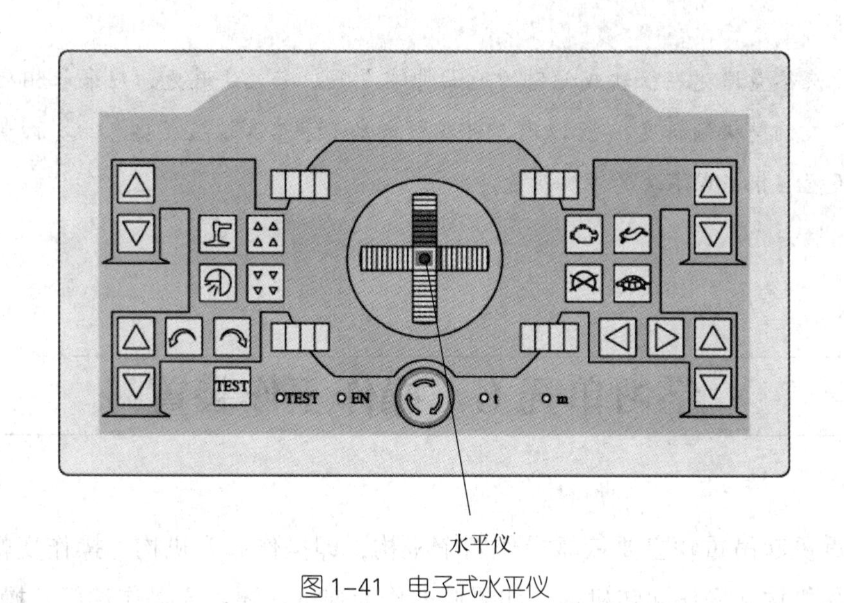

图 1–41　电子式水平仪

五、整机的水平调整

起吊重物前，应使汽车起重机的所有轮胎离地，整机调平，以保证其在作业中具有足够的安全性和稳定性，提高整车抗倾翻的安全系数。

下面以某一在工地施工的装有电子式水平仪的起重机为例，介绍支腿调平方法。

1. 按照施工场地和额定起重量图表要求，先将四个水平支腿伸到符合规定要求的长度。

2. 根据地面平整情况，把四个垂直支腿伸出，使轮胎全部离地。

3. 起重机右侧（副驾驶一侧）水平仪显示如图 1–41 所示，说明起重机左侧较高，而且前方比后方稍高。

4. 如果左侧支腿缩回调平不会造成任一轮胎着地，则操作左前垂直支腿缩回、左后垂直支腿缩回，在灯珠接近中心点时微动调节支腿伸缩，使所有代表前后左右偏差的灯熄灭。

5. 如果左侧支腿缩回调平可能造成轮胎着地，且右侧垂直支腿尚未完全伸出，则操作右前垂直支腿伸出、右后垂直支腿伸出，在灯珠接近中心点时微动调节支腿伸缩，使所有代表前后左右偏差的灯熄灭。

6. 交替进行步骤 4、步骤 5，直至整机调平。

 **小贴士**

应尽量避免在松软或倾斜的地面伸缩支腿。若无法避免，应采取相应措施并控制整机倾斜度在 1° 以内，可在支脚盘下方垫入钢板或垫木，支脚盘必须设置在钢板或木块的中央位置。

学习单元 6　操作工作装置

起重机起吊重物主要依靠操作四个机构，即操作起升机构、操作变幅机构、操作伸缩机构和操作回转机构，如果调整作业速度，还需要操作油门。操作油门过程中需注意切勿过猛地踩踏油门踏板，以免损坏起重机甚至发生危险，平稳地加油门和减油门既可使操纵安全平稳，又可延长发动机使用寿命、降低油耗。

本课程仅介绍操作工作装置的基本方法，因起重机产品的差异，工作装置和操作方法会存在一定差异，汽车吊司机操作前需认真研究所使用起重机产品的使用手册。

一、操作起升机构

操作起升机构，是利用操纵手柄，通过液压阀控制卷扬缠绕钢丝绳的长度，从而控制起重机吊钩、重物等起升或下落。起升机构主要包括主起升机构和副起升机构。起升机构的操纵手柄主要有机械式操纵手柄、液压先导操纵手柄以及电比例操纵手柄。

1. 操作要求

（1）进行吊装作业前，应检查制动器，确认正常后再起吊。

（2）根据起重臂长度，按额定起重量图表选用适当的钢丝绳倍率。

（3）在起吊重物尚未离开地面前，不允许操作变幅起臂或者伸出起重臂将其拖离地面，只能通过起升机构进行起升操作。

（4）只允许垂直起吊重物，不允许拖拽尚未离地的重物，避免侧载。

（5）起吊时应使重物平稳上升或下降，切勿剧烈扳动起升机构的操作杆。

（6）起重钩因钢丝绳打卷而旋转时，要把钢丝绳完全解开后方能起吊。

（7）落钩时卷筒上须至少留 3 圈钢丝绳。

小贴士

1. 在起升操作前，应再次确认起重机停放于坚实的水平地面上。

2. 确认周围区域内没有人员或障碍物后，鸣响喇叭再开始操作，否则可能导致意外事故。

3. 起重机作业过程中不允许将手或头部伸出窗外，否则可能造成重大伤亡事故。

4. 起吊过程中严禁超载，否则可能导致意外事故。起吊重物时，起重臂受弯曲挠度影响，工作幅度增大，可能会超出允许的范围，导致超载发生。因此当重物刚离开地面时应暂停起升，确认未发生超载后，再继续起升。

2. 机械式操纵手柄操作主起升机构

首先在操纵室内找到主起升操纵手柄，如图 1–42 所示。

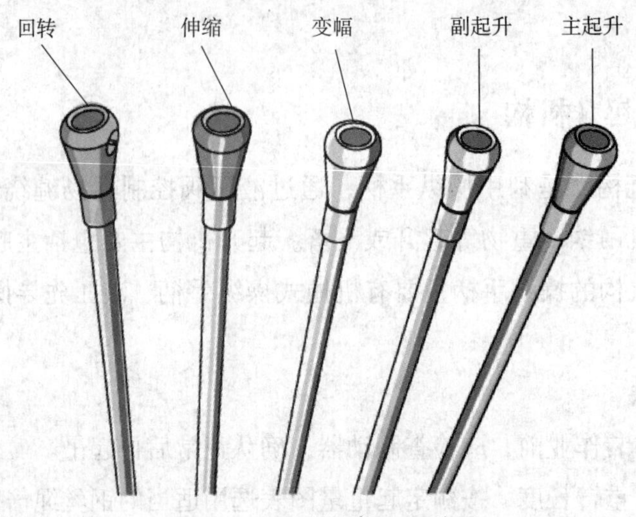

图 1–42　操纵室操纵手柄布置

主起升操纵手柄向前推，主吊钩下落；主起升操纵手柄向后拉，主吊钩上升；手柄置于中位，停止动作，如图 1–43 所示。

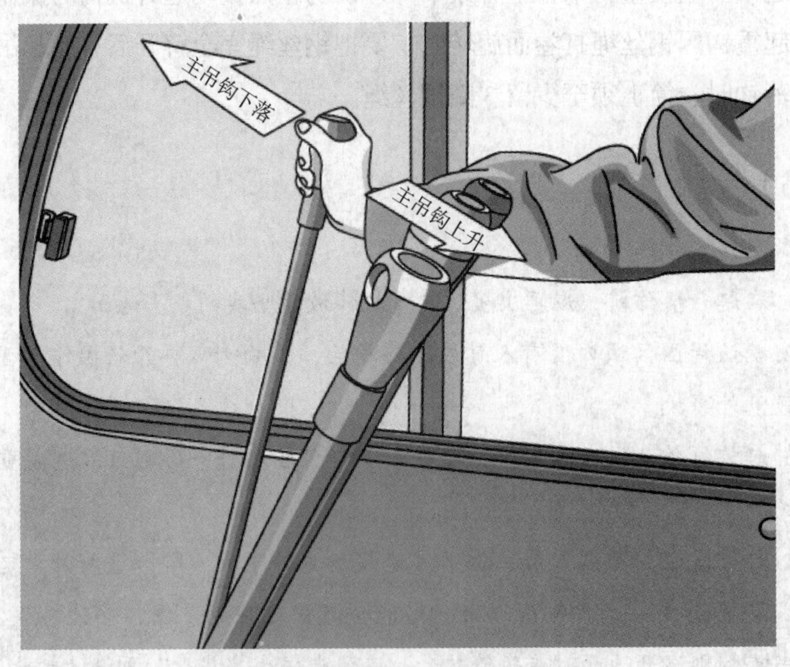

图 1–43　机械式操纵手柄操作主起升机构

3. 机械式操纵手柄操作副起升机构

首先在操纵室内找到副起升操纵手柄，如图 1–42 所示。

操作副起升操纵手柄之前，应确认已选择副起升机构工作（可以查看操纵室操作台上的副卷工作指示灯是否点亮)，否则会使动作状态与操作意图不符而造成危险。

副起升操纵手柄向前推，副吊钩下落；副起升操纵手柄向后拉，副吊钩上升；手柄置于中位，停止动作，如图 1–44 所示。

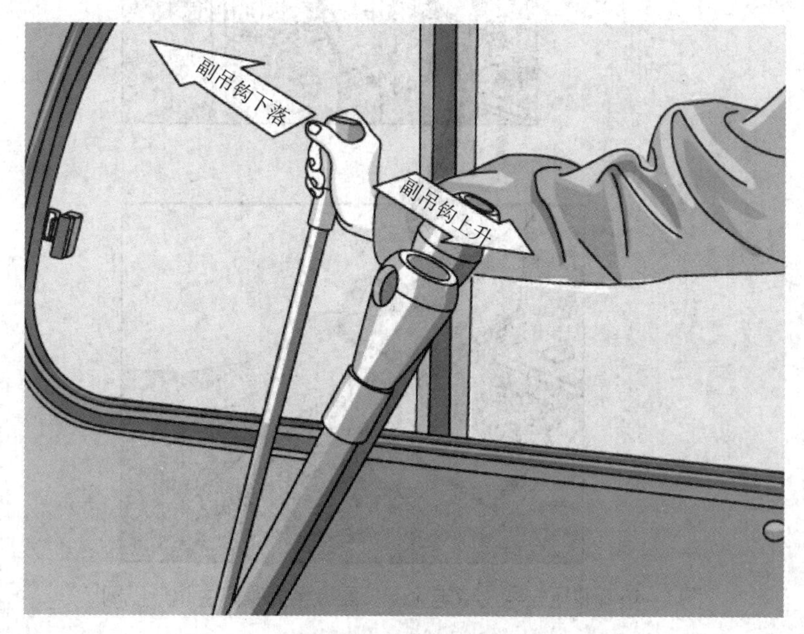

图 1–44 机械式操纵手柄操作副起升机构

4. 液压先导(或电比例)操纵手柄操作主起升机构

首先在操纵室内找到主起升操纵手柄(右手柄)，如图 1–45 所示。

主起升操纵手柄向前推，主吊钩下落；主起升操纵手柄向后拉，主吊钩上升；手柄置于中位，停止动作，如图 1–45 所示。

5. 液压先导(或电比例)操纵手柄操作副起升机构

副起升机构的操作是通过副起升操纵手柄，控制副卷扬的正转 / 反转，继而控制副吊钩上升 / 下落。

首先在操纵室内找到副起升操纵手柄(左手柄)，如图 1–46 所示。

操作副起升手柄之前，应先打开伸缩 / 副起升切换开关，使副起升指示灯点亮，如图 1–46 所示，否则会使动作状态与操作意图而不符造成危险(图中所示副起升与吊臂伸缩共用一个手柄，有些起重机回转和副起升共用一个手柄，应根据起重机产品使用手册的说明进行相应操作)。

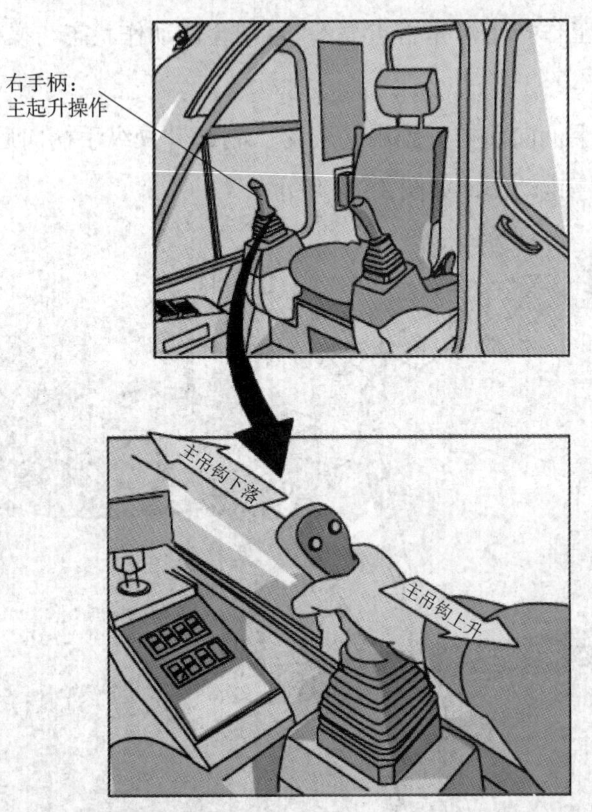

图 1–45　液压先导（或电比例）操纵手柄操作主起升机构

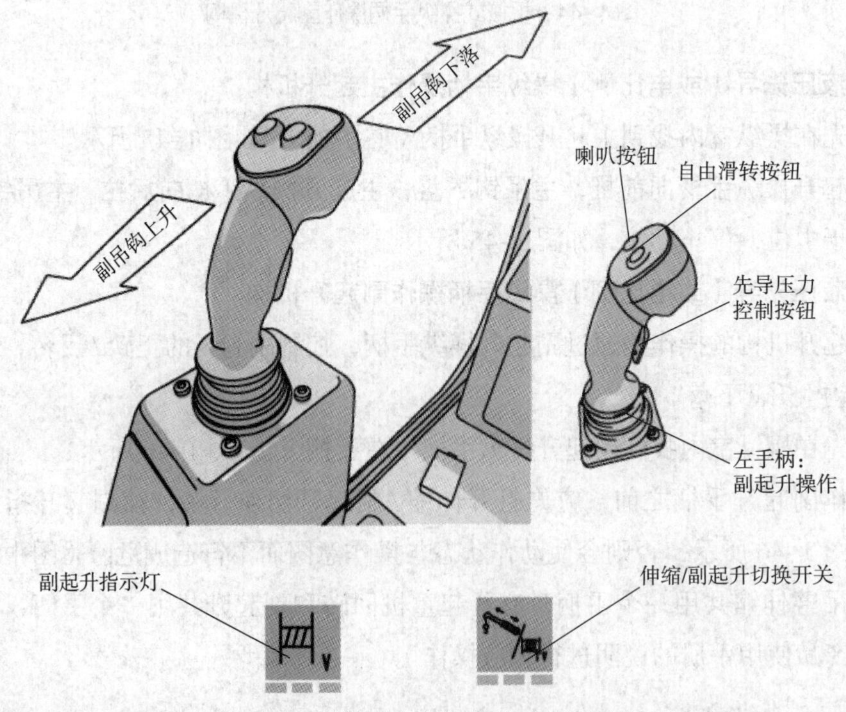

图 1–46　液压先导（或电比例）操纵手柄操作副起升机构

副起升操纵手柄向前推，副吊钩下落；副起升操纵手柄向后拉，副吊钩上升；手柄置于中位，停止动作。

二、操作变幅机构

操作变幅机构，是利用操纵手柄，通过液压阀控制变幅油缸的长度，从而控制起重机吊臂的角度和工作幅度。变幅机构的操纵手柄主要有机械式操纵手柄、液压先导操纵手柄以及电比例操纵手柄。

1. 操作要求

（1）只能垂直起吊重物，不允许拖拽尚未离地的重物，以避免侧载。

（2）变幅仰角严禁超出额定起重量图表中主起重臂仰角极限值。

（3）开始和停止变幅操作时，要缓慢扳动操纵手柄。

（4）起重机的变幅影响额定起重量，变幅落（也称落臂、向下变幅）时工作半径加大，仰角减小，额定总起重量随之减小；变幅起（也称起臂、向上变幅）时工作半径减小，仰角增大，额定总起重量随之增大。

（5）变幅起落时，吊钩会跟随升降，应注意观察吊钩高度并进行调节。

（6）严禁依靠变幅起的操作使重物离地。

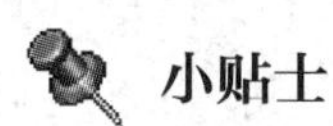

小贴士

1. 当主臂变幅落时，工作幅度会增大，额定起重量减小，有可能造成超载，因此在主臂落幅过程中需密切注意任何可能超载的信息。

2. 除全伸支腿基本臂工况外，即使空载时，也不能过分落臂，即不要使起重臂的仰角超出额定起重量图表中各工况表给出的范围，否则会有翻车的危险。

3. 在进行副臂安装、倍率变换等需要降低起重臂的操作时，应全伸支腿，将起重臂收回至全缩状态后，落下起重臂，完成所需的操作后，升起起重臂，再伸出至所需长度。

2. 机械式操纵手柄操作变幅机构

首先在操纵室内找到变幅操纵手柄，如图 1–42 所示。

变幅操纵手柄向前推，变幅落；变幅操纵手柄向后拉，变幅起；手柄置于中位，停止动作，如图 1–47 所示。

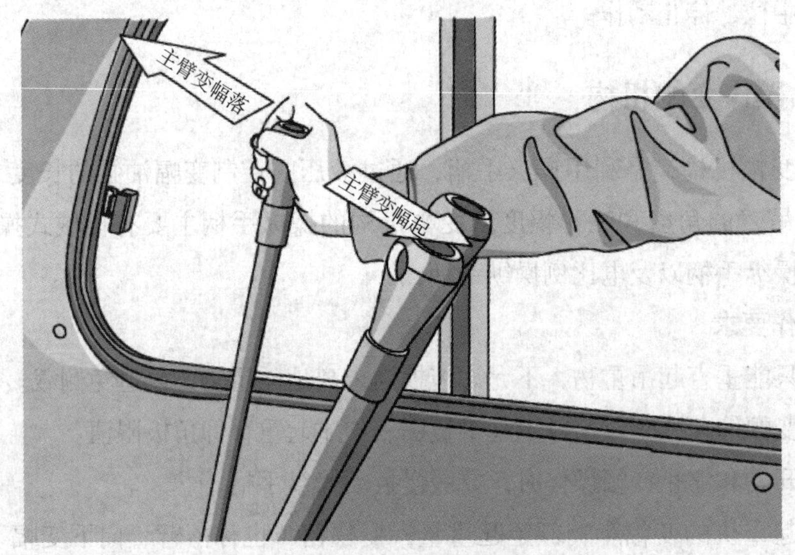

图 1–47　机械式操纵手柄操作变幅机构

3. 液压先导（或电比例）操作手柄操作变幅机构

首先在操纵室内找到变幅操纵手柄（右手柄），如图 1–48 所示。

变幅操纵手柄向左推，变幅起；变幅操纵手柄向右推，变幅落；手柄置于中位，停止动作。

三、操作伸缩机构

操作伸缩机构，是利用操纵手柄，通过液压阀控制伸缩油缸的长度，从而控制起重机吊臂的长度。伸缩机构的操纵手柄主要有机械式操纵手柄、液压先导操纵手柄以及电比例操纵手柄。

1. 操作要求

（1）在伸缩起重臂时，吊钩会随之升降，因此在进行吊臂伸缩操作的同时要操作起升机构手柄，以调节吊钩高度。

（2）伸出起重臂，经过一定时间后，起重臂可能会产生一个自然回缩量。这种自然回缩量受液压油温变化、起重臂伸缩状态、主臂仰角、润滑状态等因素的影响。例如起重臂伸出量为 5 m 时，如液压油温降低 10 ℃，起重臂缩回量约为 40 mm。起重臂发生自然回缩时，应适当进行伸缩操作来恢复所需长度。

（3）有些起重机产品不允许带载伸缩吊臂，有些起重机产品允许在一定的载荷内伸缩吊臂，汽车吊司机应遵守相应的产品要求。

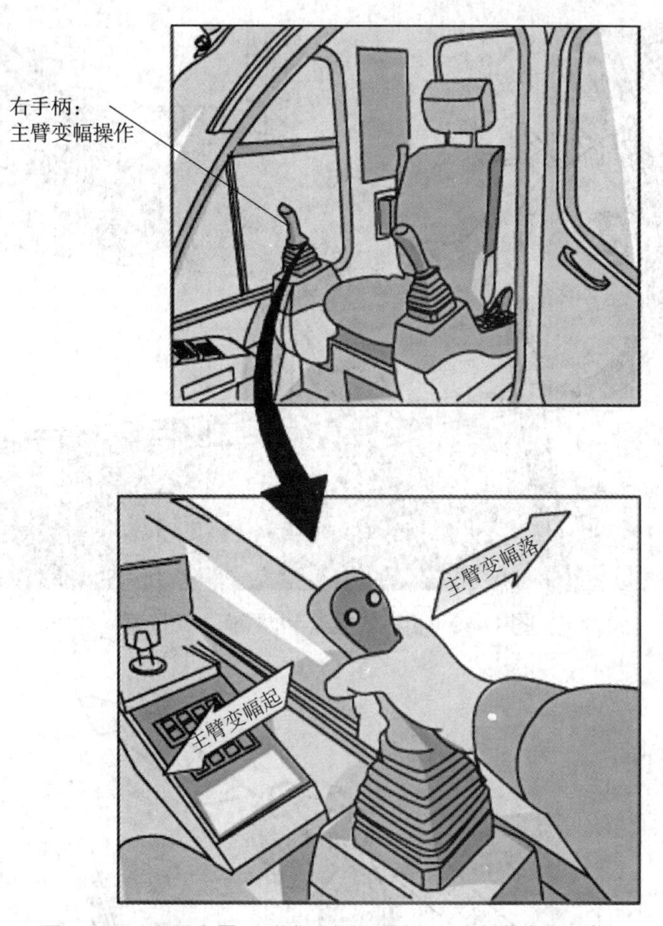

图 1–48　液压先导（或电比例）操纵手柄操作变幅机构

（4）伸臂前要确认力矩限制器上显示的主起重臂长度是正确的。

（5）伸出起重臂时，工作幅度会增大，要警惕任何超载的信号。

2. 机械式操纵手柄操作伸缩机构

首先在操纵室内找到伸缩操纵手柄，如图 1–42 所示。

伸缩操纵手柄向前推，主臂伸出；伸缩操纵手柄向后拉，主臂缩回；手柄置于中位，停止动作，如图 1–49 所示。

3. 液压先导（或电比例）操纵手柄操作伸缩机构

首先在操纵室内找到伸缩操纵手柄（左手柄），如图 1–50 所示。确认已经选择的操作为主臂伸缩操作。

伸缩操纵手柄向前推，主臂伸出；伸缩操纵手柄向后拉，主臂缩回；手柄置于中位，停止动作。

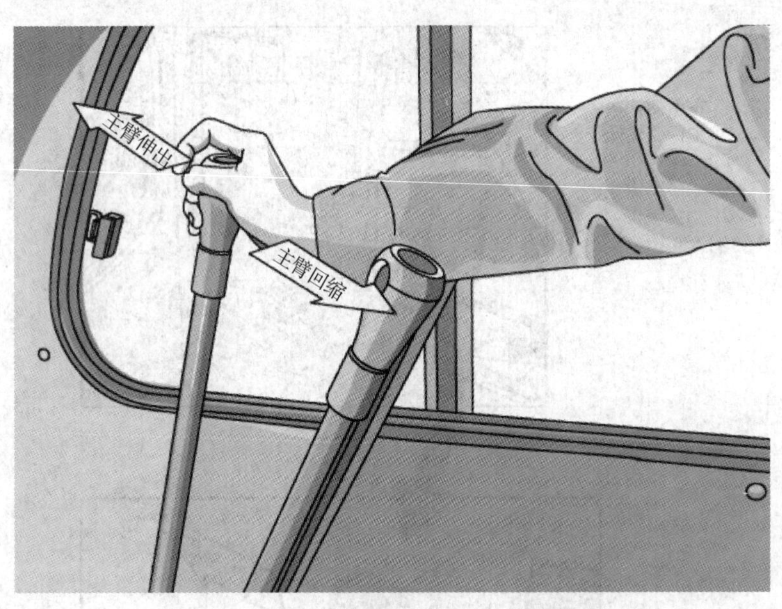

图 1–49　机械式操纵手柄操作主臂伸缩

图 1–50　液压先导（或电比例）操纵手柄操作主臂伸缩

四、操作回转机构

回转机构的操作，是利用操纵手柄，通过液压阀控制回转马达在回转座圈上的角度，从而控制吊钩、吊载重物在水平方向上运动。回转机构的操纵手柄主要有机械式操纵手柄、液压先导操纵手柄以及电比例操纵手柄。

1. 操作要求

（1）首先必须确保有足够的回转作业空间。

（2）在开始回转操作前，应检查支腿的横向跨距是否符合额定起重量图表中的规定值。

（3）在开始回转操作前，必须打开回转制动解除开关，且解除转台锁止装置的锁定，使回转机构从锁定状态转为解锁状态。

（4）开始和停止回转操作时，要缓慢扳动回转操纵手柄，避免重物振动或摆动，导致起重机损伤甚至人身伤亡事故。

（5）回转时必须平稳地启动和停止，并以能控制负载的速度进行操作，禁止快速回转、突然启动或停止，否则会引起吊钩及其所承载重物失控摆动，造成危险。

（6）回转操作停止时，即使操纵杆已经回到中位，吊钩和所承载重物在惯性的作用下仍会继续回转一段距离，因此操作过程中应注意在临近目标位置时提前减缓速度。

（7）不进行回转操作时，回转制动解除开关必须关闭。

2. 转台锁止装置操作

转台锁止装置是锁定回转机构、防止转台运动的安全装置。起重机行驶时，应使用转台锁止装置将转台及车架锁住，在回转操作前，必须解除转台锁止装置锁定。操纵转台锁止装置时，要慢速进行，以将发动机处于怠速状态为宜。常见的转台锁止装置分为机械式和电控式两种。

机械式转台锁止装置手柄一般安装在起重机操纵室内，控制手柄向后拉至限位槽锁止后，转台锁定解除；控制手柄向前推至前方限位槽锁止后，转台及车架锁定。

电控式转台锁止装置安装在操作台上，通过其开关控制转台锁定或解锁。

3. 机械式操纵手柄操作回转机构

首先在操纵室内找到回转操纵手柄，如图 1–42 所示。

回转操纵手柄向前推，向右回转；回转操纵手柄向后拉，向左回转；手柄置于中位，停止动作，如图 1–51 所示。

操纵回转机构使重物回转到位后，应踏下操纵室底板上的回转制动踏板，使重物准确就位。

4. 液压先导（或电比例）操纵手柄操作回转机构

首先在操纵室内找到回转操纵手柄（左手柄），如图 1–52 所示。确认已经选择的操作为回转操作。

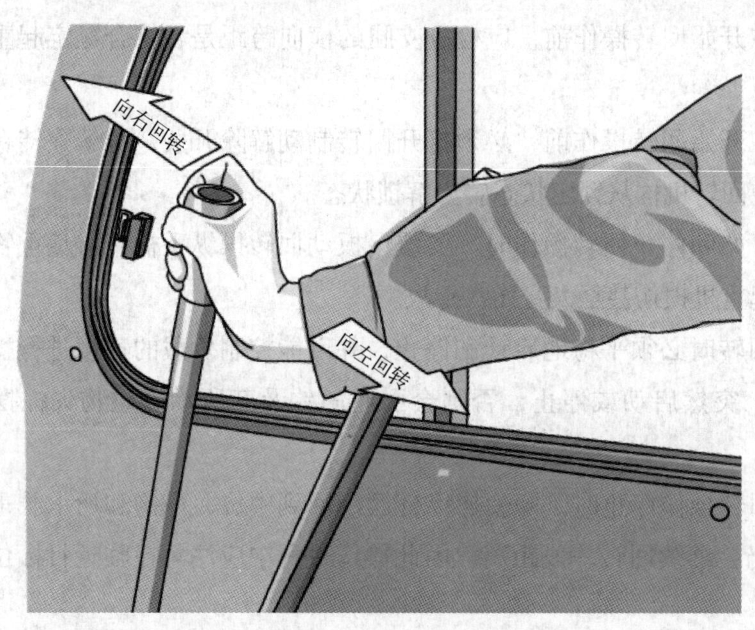

图 1–51　机械式操纵手柄操作回转机构

回转操纵手柄向右推，向右回转；回转操纵手柄向左推，向左回转；手柄置于中位，停止动作。

操作回转机构使重物回转到位后，应踏下操纵室底板上的回转制动踏板，使重物准确就位。

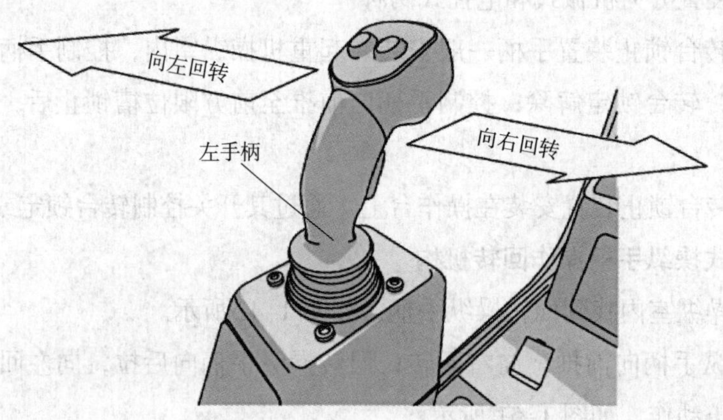

图 1–52　液压先导（或电比例）操纵手柄操作回转机构

学习单元 7 规则重物吊装作业

吊装作业应保证作业的安全性、吊装物体位置的精准度和吊装施工的效率，严格按照程序操作。

一、吊装作业的程序

一个完整的吊装作业程序，应包括以下步骤。

1. 勘察吊装现场

吊装作业前，汽车吊司机应勘察吊装作业现场，勘察至少包括如下内容。

（1）吊装物体的结构形式、材料组成、吊装物体的重量。

（2）吊装的高度、最大作业半径。

（3）吊装物体的吊挂点、允许的吊挂形式。

（4）吊装物体运动的路线和三维空间的轨迹。

（5）吊装施工的空间，起重机可能的占位、作业空间、地面支撑空间。

（6）起重机进入工作场地的路况，包括道路坡度、道路级别、弯道半径、道路承载力等。

（7）起吊业主对吊装作业的其他要求，例如平稳度、空中允许倾斜角度。

2. 制定吊装方案（规划）

在操作起重机之前，应根据吊装作业现场的勘察情况制定吊装方案（规划）。对于复杂的操作，需要制订书面计划，对于重复和常规的操作，可以制订简单计划。吊装方案（规划）至少包括如下内容。

（1）选择起重机，保证其满足吊装作业要求的重量、高度、作业半径、行驶通过能力等。

（2）选择吊装工况，根据起重机性能和现场要求，选择额定起重能力、臂架组合、伸臂长度、工作幅度、支腿跨距等。

（3）选择吊索具，使其能够安全承载起吊重物，平衡重物重心，吊运过程中不损害重物，操作方便。

（4）吊装路径设计，根据吊装要求，设计重物从起吊到空中转移、下落等全过程的运动轨迹，确定起重机对应的工况参数。

（5）吊运过程设计，根据重物运动轨迹及起重机工况，制定重物从起吊到空中转移、下落等全过程的操作策略，包括作业速度控制、防碰撞方法等。

（6）人员职责安排，合理安排汽车吊司机、吊装工、指挥人员、起重机安装人员等相关人员的工作内容和细节要求。

（7）操作现场的风险应对措施，包括可能存在的环境条件、负载对起重机的影响等（如在船上、风载荷等）。

3. 起重机站位及支腿支撑条件

起重机应支设在坚实的水平支撑面上，作业时场地应不下沉，回转支撑面的水平度应在制造商允许的范围内。起重机应有足够的作业空间，作业时起重机任何部件、吊装物等不得碰撞任何障碍物。使用支腿支撑时要注意如下事项。

（1）按说明书的要求牢固可靠地支撑好支腿，保证各水平支腿的伸出长度能够使支撑点（支脚盘）达到额定起重量图表中规定的状态。

（2）操纵支腿时应随时观察支腿伸缩区域的障碍物。对水平和摆动支腿只能进行单边操纵（除非有人员辅助观察指挥），保证操作员能够随时观察到支腿伸缩的状态，避免碰撞障碍物。

（3）吊装作业时应使所有轮胎离地。

（4）应根据制造商说明书的要求，通过支腿操纵对起重机进行调平，调平后应将支腿锁定。

（5）垂直支腿支撑地面时，不允许操作水平和摆动支腿。

4. 重物的吊运

参考本学习单元“吊装作业要点”。

5. 收车

参考本教材“收车及交接”。

二、吊装作业要点

吊装作业时需要仔细检查如下操作细节，保证动作平稳、安全。

1. 挂吊钩

（1）在起吊前应通过各种方式确定起吊重物的重量，同时为了保证起吊的稳定性，还应通过各种方式确定起吊重物的重心。确定重心后，应调整起升装置，选择合适的起升吊挂点，保证重物起升时匀速、平稳，没有倾覆的趋势。

（2）不应用起升绳索或链条来绑缚重物。

（3）必须通过具有足够承载能力的吊具或其他装置将重物安装到吊钩上。

（4）不应沿地面拖拽吊索或链条。

（5）采用合适的吊索具。

（6）吊绳或起重链条不应打结。

（7）不得将多股钢丝绳或链条缠绕在一起。

（8）应考虑风对重物和起重机的影响。

（9）站在高位的起重机在吊装比起重机低的重物前，应确保卷扬内钢丝绳排列整齐。

2. 重物离地

（1）起吊重物时不得突然加速或减速。

（2）重物及钢丝绳不得与任何障碍物剐蹭。

（3）起吊的重物不得与非起吊物体卡住或有物理连接，否则无法确定起吊重物的重量。

（4）重物吊离地面时，要保持其在吊索具或起升装置上的平衡，尽量避免转动。

（5）如果有绳索松弛的情况，应在空载情况下通过控制卷扬起落重新缠绕钢丝绳，排除松弛现象，确保钢丝绳固定在卷筒或滑轮上。

3. 空中转运

（1）重物的运动轨迹应与障碍物保持一定距离。

（2）吊运重物时，不得从人员上方通过。

（3）起吊接近额定起重量的物品时，应慢速操作，并应先将物品吊离地面较小的高度，试验制动器的制动性能。

（4）起重机进行回转、变幅和起升操作时，应严格控制吊运速度，避免突然的启动和停止，使物体的摆动半径在额定起重量图表规定的范围内。当物体的摆动可能带来危险时，应设立警示标志或设立警戒线。

4. 重物下落

（1）除紧急情况外，不得利用相反动作进行制动。

（2）起重机不得斜向牵引重物。

（3）重物下落接触地面后，吊钩和索具还没有完全脱离重物时，不得进行回转操作。

5. 安全注意事项

吊装作业还要注意以下安全事项，见表 1–19，不安全的操作可能造成车毁人亡的严重后果。

（1）起重机操作员应遵照制造商提供的起重机操作指南进行操作。

（2）当使用远程控制来操作起重机时，允许汽车吊司机离开起重机，但是必须确保司机对移动部件有清晰的视野，并能有效地对起重机进行远程控制。当检测不到遥控器信号时，起重机控制系统或者遥控器应发出声音或灯光警示，提醒司机及相关人员，并停止起重机的动作。

（3）禁止通过自由落体的形式下落重物。

（4）禁止起吊重量未知的重物，例如被其他物品压住的重物、埋藏的重物、由于冰冻而固定在地面上的重物等。

（5）在起重机吊装作业期间任何人员不得站在转台上、起重臂下或吊载物体下。

（6）使用支腿或履带支撑作业的起重机，带载时不得改变支腿或履带支撑的位置。

（7）只允许通过起升机构起吊重物，不允许通过向内变幅操作使重物离地。

表 1–19　吊装作业安全注意事项

序号	注意事项	图示
1	严禁超载！ 遵守相应额定起重量图表规定的吊装作业条件，特别注意吊臂的伸缩组合、使用的平衡重组合、支腿跨距等情况	
2	正确使用安全装置，不要过分依赖，严禁将安全装置解除	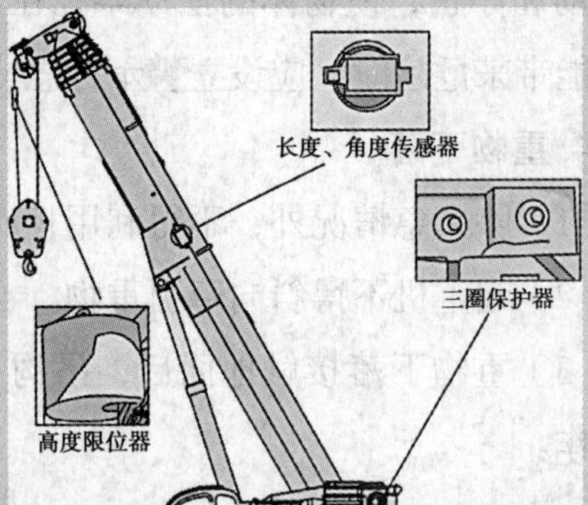 长度、角度传感器 三圈保护器 高度限位器

续表

序号	注意事项	图示
3	确认钢丝绳符合额定起重量图表中规定的倍率数，使用合适的吊钩，只允许起吊单个重物并且吊钩应处于重物重心正上方，保证吊挂牢靠	
4	在重物作用下主臂发生挠曲会使工作幅度加大，因此在起吊重物前，估算起重量使用幅度时，要考虑主臂挠曲的因素	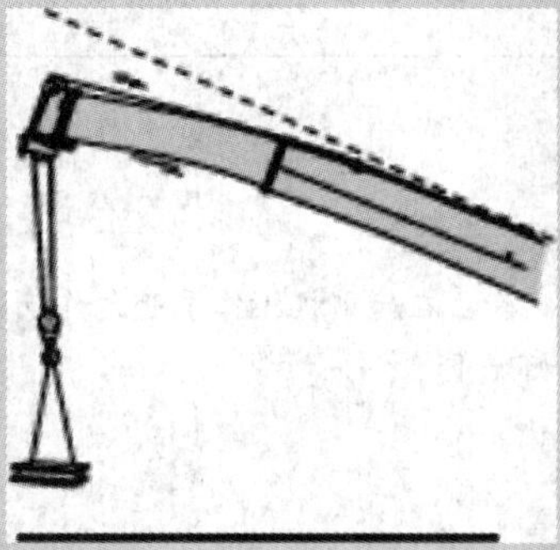
5	禁止斜拉、斜吊重物，禁止抽吊交错挤压的重物，禁止起吊未知重物，如埋在土里或冻粘在地上的重物	
6	禁止拖拽尚未离地的重物，避免侧载	

续表

序号	注意事项	图示
7	禁止急剧停止回转操作	
8	禁止在起重机操作手册允许范围外加配重	
9	禁止用吊臂推拉物体	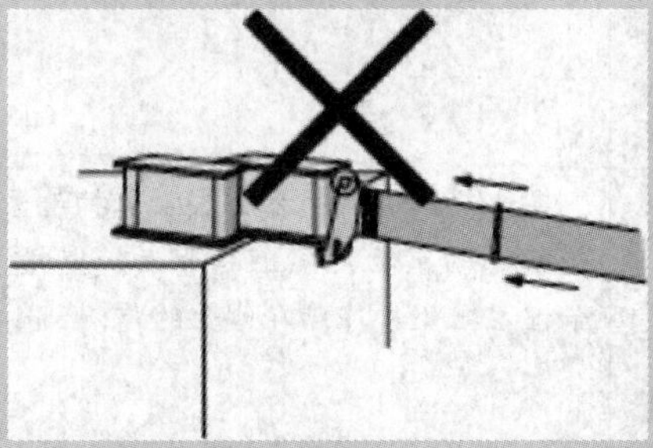
10	禁止用起重机起吊人员	

续表

序号	注意事项	图示
11	禁止同时在主臂和副臂上分别吊载，或是使用主起升机构和副起升机构起升同一个重物	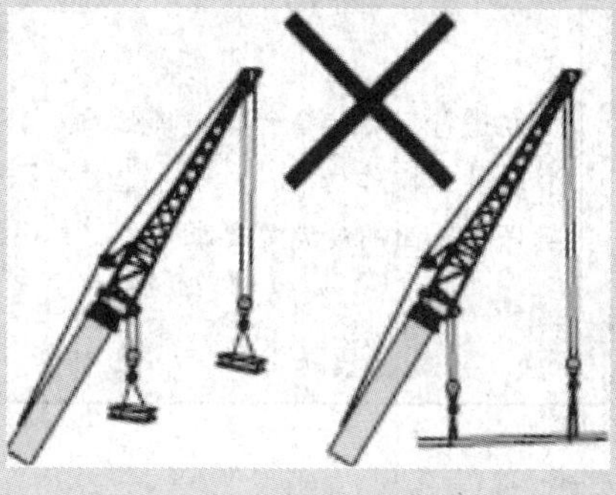
12	禁止吊装重物时依靠重力下降，不得急剧操作起升机构制动器	
13	起重机和重物与电线应保持必要的距离，防止电击事故发生	
14	大功率的电波可能导致起重机部件带电，同时损坏电子控制装置，应注意避开	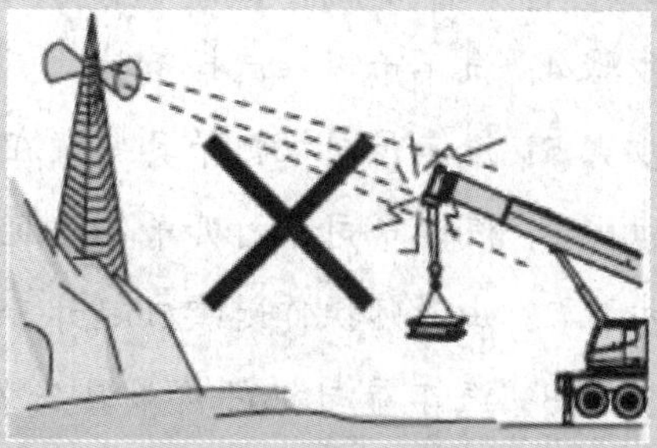

续表

序号	注意事项	图示
15	在进行副臂倾角的变换操作以及副臂的伸出操作之前，应预先起臂，以确保离地面高度满足要求	

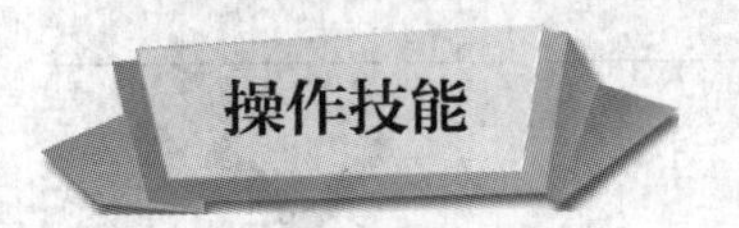

操作技能

【操作任务 1】

请汽车吊司机认识和使用吊具。

一、操作准备

1. 实训场所：室外开阔地面（30 m×30 m）。

2. 物品准备：25 t 汽车起重机 1 台（停放于场地正中间）；燃油若干；起重机试验用标准砝码 1 块（2 t，长方体，带 4 个吊装点）；8 m 吊装钢丝绳 4 根（每根钢丝绳两端带索套），8 m 吊装带 4 根，5 m 吊装带 4 根。

二、操作步骤

步骤 1：由教师操作起重机展车，做支腿支撑、变幅、伸臂、起升等操作，展开起重机，使吊钩位于标准砝码上方，距离地面 1.5 m。

步骤 2：汽车吊司机观察吊装钢丝绳、吊装带的长度和结构形式。

步骤 3：汽车吊司机估算标准砝码的重量、重心位置，找到吊挂点。

步骤 4：汽车吊司机选择吊具。

步骤 5：汽车吊司机把吊具安装在标准砝码上。

步骤 6：汽车吊司机打开吊钩防脱装置，把吊具挂到吊钩上。

步骤 7：由教师操作起重机起升 5 m，回转 60°。

步骤 8：汽车吊司机评价吊具安装的效果，估算每根吊具与标准砝码重心的夹角。

【操作任务 2】

请汽车吊司机启动起重机。

一、操作准备

1. 实训场所：室外开阔地面（30 m×30 m）。

2. 物品准备：25 t 汽车起重机 1 台（停放于场地正中间），燃油若干。

二、操作步骤

步骤 1：由教师操作起重机展车，伸出 4 个水平支腿、4 个垂直支腿，发动机熄火，点火开关断电，关闭电源总开关。设置禁止启动并需要汽车吊司机启动前检查的安全隐患：松开手刹车；把变速箱换挡手柄推到 3 挡；左前支腿选择垂直伸。

步骤 2：汽车吊司机查找电源总开关。

步骤 3：汽车吊司机查找驾驶室点火开关。

步骤 4：汽车吊司机查找操纵室点火开关。

步骤 5：汽车吊司机找出教师设置的全部启动操作的安全隐患。

步骤 6：汽车吊司机排除全部启动安全隐患。

步骤 7：汽车吊司机操作打开电源总开关、点火开关通电。

步骤 8：汽车吊司机操作启动发动机。

步骤 9：汽车吊司机确认发电机是否发电。

步骤 10：由教师操作起重机收车。

【操作任务 3】

请汽车吊司机操作取力装置。

一、操作准备

1. 实训场所：室外开阔地面（30 m×30 m）。

2. 物品准备：25 t 汽车起重机 1 台（停放于场地正中间），燃油若干。

二、操作步骤

步骤 1：由教师操作起重机展车，伸出 4 个水平支腿、4 个垂直支腿，发动机熄火。设置需要汽车吊司机在操作取力装置前检查的安全隐患：松开手刹车；把变速箱换挡手柄推到 3 挡；左前支腿选择垂直伸。

步骤 2：汽车吊司机查找取力装置、取力操纵手柄（或开关）、油泵。

步骤 3：汽车吊司机找出教师设置的全部取力操作的安全隐患。

步骤 4：汽车吊司机排除全部安全隐患。

步骤 5：汽车吊司机在发动机熄火时试验取力操纵手柄（或开关）、离合器的操作。

步骤 6：汽车吊司机在发动机熄火时试验取力操纵手柄（或开关）与离合器的配合操作。

步骤 7：汽车吊司机启动发动机，进行取力操作。

步骤 8：汽车吊司机进行断开取力的操作。

步骤 9：由教师操作起重机收车。

【操作任务 4】

请汽车吊司机操作起重机支腿。

一、操作准备

1. 实训场所：室外开阔地面（30 m×30 m）。

2. 物品准备：25 t 汽车起重机 1 台（停放于场地正中间），燃油若干。

二、操作步骤

步骤 1：检查起重机行驶状态下支脚盘的位置、支腿销的状态、支腿位置。

步骤 2：在发动机熄火时试验各个支腿操纵装置的手柄（或开关）。

步骤 3：安装支脚盘。

步骤 4：拆除支腿锁止销。

步骤 5：启动发动机，进行取力操作。

步骤 6：操作水平支腿全伸。

步骤 7：操作垂直支腿全伸。

步骤 8：利用水平仪进行整机调平。

步骤 9：安装支腿锁止销。

步骤 10：拆除支腿锁止销。

步骤 11：操作垂直支腿全部缩回。

步骤 12：操作水平支腿全部缩回。

步骤 13：安装支腿锁止销。

步骤 14：操作断开取力，发动机熄火。

步骤 15：把支脚盘安装在行驶位置上。

【操作任务 5】

请汽车吊司机操作工作装置。

一、操作准备

1. 实训场所：室外开阔地面（30 m × 30 m）。

2. 物品准备：25 t 汽车起重机 1 台（停放于场地正中间），燃油若干。

二、操作步骤

步骤 1：检查起重机行驶状态下，工作装置及操纵手柄是否正常。

步骤 2：在发动机熄火时试验各个工作装置的操纵手柄。

步骤 3：操作起重机支腿全伸支撑、调平。

步骤 4：操作起升机构，使起重机吊钩脱开行驶时的固定装置。

步骤 5：操作变幅机构，使吊臂与地面成 60° 夹角（可同时操作起升机构）。

步骤 6：操作伸缩机构，使吊臂伸出臂长 20 m（可同时操作起升机构）。

步骤 7：操作起升机构，使吊钩距离地面 5 m。

步骤 8：操作回转机构，回转到左侧 90°。

步骤 9：操作起升机构，使吊钩距离地面 0.5 m。

步骤 10：操作起升机构，使吊钩触碰高度限位开关后，再下降 0.5 m。

步骤 11：操作回转机构，回转到正前方。

步骤 12：操作伸缩机构，使吊臂全缩（可同时操作起升机构）。

步骤 13：操作变幅机构，使吊臂落在吊臂支架上（可同时操作起升机构、回转机构）。

步骤 14：操作起升机构，把吊钩固定在行驶位置上。

步骤 15：操作支腿操纵装置，收回全部支腿。

步骤 16：断开取力装置，发动机熄火，起重机断电。

【操作任务 6】

请汽车吊司机吊装规则重物。

一、操作准备

1. 实训场所：室外开阔地面（30 m×30 m）；用油漆在地面上按照标准砝码外形尺寸设置3个吊装放置点*A*、*B*、*C*，组成边长为6 m的等边三角形，其中*A*点距离驾驶室最近，*B*点距离车尾最近，*C*点距离起重机最远。三角形的*BC*边距离起重机左侧外轮廓3 m，且与起重机行驶中心线平行，*AB*边的中点、*C*点与起重机回转中心在一条直线上。

2. 物品准备：25 t汽车起重机1台（停放于场地正中间）；燃油若干；起重机试验用标准砝码1块（2 t，长方体，带4个吊装点）；8 m吊装钢丝绳4根（每根钢丝绳两端带索套）。

二、操作步骤

步骤1：勘察吊装现场，确定吊装要求。

步骤2：制定吊装方案（规划），查看额定起重量图表，选择额定起重能力、臂架组合、伸臂长度、工作幅度、支腿跨距、吊装路径等（在教师指导下进行）。

步骤3：起重机按照规划操作支腿支撑、调平。

步骤4：操作起重机，把吊钩放置在*A*点（标准砝码原始位置）上方1 m处。

步骤5：挂吊钩，用索具把标准砝码吊点与吊钩固定。

步骤6：操作起升机构使标准砝码离地。

步骤7：操作变幅机构、回转机构，使标准砝码空中转运到*B*点正上方。

步骤8：操作起升机构使标准砝码下落。

步骤9：拆除吊具。

步骤10：重复步骤4~9，完成标准砝码从*B*点到*C*点、从*C*点到*A*点的吊运。

步骤11：操作回转机构，回转到正前方。

步骤12：操作伸缩机构，使吊臂全缩（可同时操作起升机构）。

步骤13：操作变幅机构，使吊臂落在吊臂支架上（可同时操作起升机构、回转机构）。

步骤14：操作起升机构，把吊钩固定在行驶位置上。

步骤15：操作支腿操纵装置，全部收回支腿。

步骤16：断开取力装置，发动机熄火，起重机断电。

培训课程 4 收车及交接

学习单元 收车及交接

起重机完成吊装作业后，应正确收车，保证起重机停放及接班工作时的安全。

一、各工件装置的收车规范

起重机完成吊装或维护保养任务后，应将全部作业装置收回到公路行驶状态，支腿、吊臂、吊钩等工作装置全部收回，安装支腿锁止销、回转锁止销等各种锁止销，以保证起重机行驶时工作装置不会运动。至少包括如下内容。

1. 起重臂全部收回。
2. 起重臂落在吊臂支架上。
3. 回转机构锁死。
4. 吊钩固定在行驶位置上。
5. 支腿全部收回、锁死。
6. 所有操纵手柄置于中位或空挡。
7. 断开取力装置。

二、停机收车操作

起重机吊装作业任务完成后，应进行以下停机收车操作。

1. 操作伸缩机构，将起重臂全部收回，不允许遗漏或者未收回到位，汽车吊司机可以通过吊臂收回碰撞声音或力矩限制器显示的吊臂长度进行判断。

2. 操作回转机构，回转到车辆正前方，全部收车完成后安装回转锁止销。

3. 操作变幅机构，将起重臂落在吊臂支架上。

4. 操作卷扬机构收回钢丝绳，将吊钩固定在行驶位置上，再稍微起升卷扬，拉紧钢丝绳。

5. 依次收回全部垂直支腿、水平支腿，安装水平支腿销。

6. 将支脚盘固定在行驶位置上。

7. 检查所有支腿操纵手柄和作业操纵手柄，使手柄全部回中位。

8. 断开取力装置。

9. 将起重机停放在水平、空旷的地方，避免周围有坠落物。

10. 检查起重机外观是否有异常，检查各仪表指数是否正常并做好记录。

11. 检查是否有漏油点，是否有机构、螺栓等部件松动。

12. 变速箱置空挡，熄火，断电，锁死驾驶室和操纵室门窗。

三、停机收车注意事项

1. 收车过程中各机构接近目标点时，应通过微动调节控制起重机慢速操作，防止因速度过快损坏起重机。

2. 起重臂应全部收回，否则车辆行驶时可能存在超长或超高的危险。

3. 把吊钩固定在行驶位置后，将卷扬钢丝绳拉紧，汽车吊司机需合理控制钢丝绳松紧度，防止拉伤起重机。

4. 收车完成后，应检查所有作业机构不会运动，并安装锁止销，防止路面行驶时颠簸造成机构伸出、晃动。

5. 收车完成后应锁死操纵室门窗，起重机行驶时严禁操纵室内有人，否则将违反机动车辆道路行驶法规，并可能因操纵室内人员控制起重机而增加行驶的风险。

四、填写工作日志

汽车吊司机完成作业后，应填写工作日志，记录吊装作业的过程、起重机信息等内容，便于起重机的管理。

1. 工作日志内容

工作日志应包括以下事项。

（1）起重机产品型号、车辆 VIN 码。

（2）作业时间、地点。

（3）吊装人员（汽车吊司机、吊装工等）及各自分工。

（4）吊装物品所属单位、联系人、电话。

（5）吊装物体的名称、重量、数量，吊装起止时间。

（6）作业过程的难点分析和介绍。

（7）从起重机停放地到吊装现场往返里程。

（8）燃油消耗量。

（9）起重机是否有异常。

（10）是否有遗留问题，如果有，具体说明。

2. 工作日志填写要求

汽车吊司机应按照以下要求填写工作日志。

（1）每次起重机作业、行驶、维护保养后，均应填写工作日志。

（2）应根据实际工作情况，客观、准确地填写工作日志。

（3）填写完工作日志，应主动交给起重机管理者或交接班人员，以备起重机再次使用、维护保养时参考。

五、交接班的程序和要求

1. 交车程序和要求

汽车吊司机在完成所有作业任务后，应持点火钥匙和所填写的工作日志，与接车人一起到起重机停放现场，履行交车程序。

（1）按照作业前检查中“检查外观及连接件”的要求，说明符合性。

（2）按照作业前检查中“检查油液”的要求以及燃油剩余量，说明符合性。

（3）按照作业前检查中“检查承载部件”的要求，说明符合性。

（4）按照作业前检查中“检查操纵件及指示器”的要求、发动机工作累计小时、行驶总里程数目，说明符合性。

（5）按照作业前检查中“检查安全装置”的要求，说明符合性。

（6）按照作业前检查中“检查警示标识及消防器材”的要求，说明符合性。

（7）交出点火钥匙、工作日志。

（8）所有程序符合要求后，履行交车手续。

2. 接车程序和要求

汽车吊司机在接到新的工作任务后，应检查交出起重机人员的工作日志，与交车人一起到起重机停放现场，履行接车程序。

（1）按照作业前检查中“检查外观及连接件”的要求进行全面检查，识别出不符合项目。

（2）按照作业前检查中“检查油液”的要求进行全面检查，识别出不符合项目，同时核对燃油剩余量。

（3）按照作业前检查中“检查承载部件”的要求进行全面检查，识别出不符合项目。

（4）按照作业前检查中“检查操纵件及指示器”的要求进行全面检查，识别出不符合项目，同时核对发动机工作累计小时、行驶总里程数目。

（5）按照作业前检查中“检查安全装置”的要求进行全面检查，识别出不符合项目。

（6）按照作业前检查中“检查警示标识及消防器材”的要求进行全面检查，识别出不符合项目，重点查看标识和器材的完整性。

（7）启动发动机，观察是否有异常。

（8）所有程序符合要求后，履行接车手续。

相关链接

短暂离开无人看管的起重机

短暂离开无人看管的起重机是指因吊装时间长、现场需要汽车吊司机下车确认等原因，起重机司机短期无法控制起重机。此时支腿、吊钩、吊臂等作业装置可能未收回，但应确保在汽车吊司机重新控制前，起重机不会自动动作而造成危险。

如果需要汽车吊司机短暂离开起重机，应遵守如下规范。

1. 被吊装的物体应下放到地面，不得悬吊。

2. 所有的运行机构制动器均应处于制动状态，如卷扬制动等。

3. 把吊钩、吊具起升到安全的高度。

4. 汽车吊司机应根据现场风速、周围障碍物、人员距离等情况和离开时间长短做出风险判断，可断开电源或取力器、收回吊钩等。

5. 将所有操纵手柄置于中位或空挡，防止意外动作。

6. 发动机熄火。

7. 如果风可能对起重机安全造成危害，应收回吊臂。

8. 锁死操纵室门窗，防止其他人员进入。

【操作任务】

请汽车吊司机完成起重机收车和工作交接。

一、操作准备

1. 实训场所：室外开阔地面（30 m×30 m）。

2. 物品准备：25 t 汽车起重机 1 台（停放于场地正中间），起重机支腿全伸、调平，吊臂伸出长度 20 m；回转到右前方 45°，4 倍率，变幅仰角为 60°；吊钩释放距离地面 1 m 高度；起重机断电，断开取力器。

二、操作步骤

步骤 1：起重机通电，启动，打开取力装置。

步骤 2：操纵起升机构、伸缩机构，将起重臂全部收回。

步骤 3：操作回转机构，回转到车辆正前方。

步骤 4：操作变幅机构、起升机构，把起重臂落在吊臂支架上。

步骤 5：操作卷扬机构收回钢丝绳，把吊钩固定在行驶位置上，再稍微起升卷扬，拉紧钢丝绳。

步骤 6：安装回转锁止销，锁死回转。

步骤 7：依次全部收回垂直支腿、水平支腿，安装水平支腿锁止销。

步骤 8：把支脚盘固定在行驶位置上。

步骤 9：检查所有支腿操纵手柄和作业操纵手柄，使手柄全部回中位。

步骤 10：断开取力装置。

步骤 11：检查起重机外观是否有异常，检查各仪表指数是否正常并做好记录。

步骤 12：检查是否有漏油点，是否有机构、螺栓等部件松动。

步骤 13：变速箱置空挡，熄火，断电，锁死驾驶室和操纵室门窗。

步骤 14：填写工作日志。

步骤 15：把起重机、点火钥匙、工作日志交付给接车人。

职业模块 2 起重机维护与保养

培训课程 1　起重机检查与维护

学习单元 1　电气部分的日常检查与维护

学习单元 2　操纵室的检查与调整

学习单元 3　液压部分的日常检查与维护

培训课程 2　起重机保养

学习单元 1　机构润滑保养

学习单元 2　更换液压油

培训课程 1 起重机检查与维护

学习单元 1 电气部分的日常检查与维护

汽车吊司机应根据起重机的作业状态、服役情况以及使用环境，对起重机关键部位（主要包括结构、液压、电气、动力等），定期进行检查与维护，并做好详细的检查记录，加以保存归档。正确的检查与维护有助于确保作业的安全性，也能延长起重机的使用寿命。

电气系统是起重机的神经和指挥中枢，用于起重机行驶的监视、控制和照明、发动机控制、作业的监视和控制、作业安全管理等。汽车吊司机初级工应能够检查和维修简单的电气系统零部件。

一、常见易损坏电气元件

汽车吊司机对电气元件进行日常检查和维修时，可以在使用起重机的过程中观察或借助万用表快速识别故障的元件，包括熔断器、断路器、灯泡、继电器、开关等，其功能和常用部位见表 2–1。

二、易损坏电气元件的检查与维护方法

汽车吊司机日常检查和维修电气元件时，应把起重机停在开阔平坦的地面上，断开电源总开关或切断蓄电池上负极搭铁线，通过观察或借助万用表的方式进行检查，所更换的元件必须符合起重机维修手册中要求的相同型号和规格。常见起重机易损坏电气元件的检查与维护方法见表 2–2。

表 2–1　常见易损坏电气元件

类别	元件名称	元件功能	图示	常用部位
熔断器	瓷插式低压熔断器（保险片）	起过载保护作用。线路短路、过载时，熔断部位自动熔断，断开电路	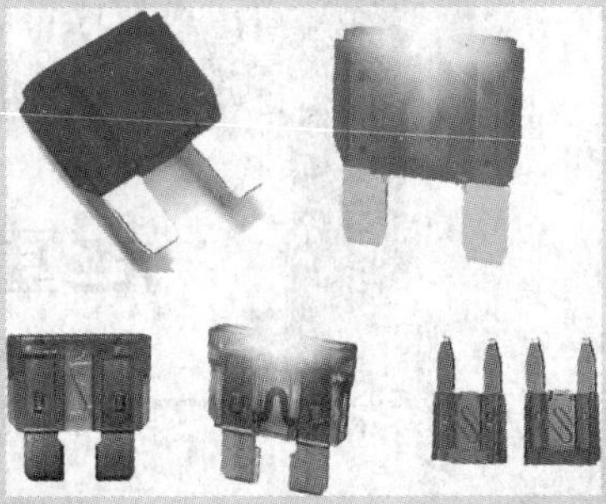	驾驶室、操纵室、电器盒、线束内等
	管式低压熔断器（保险管）	起过载保护作用。线路短路、过载时，熔断部位自动熔断，断开电路	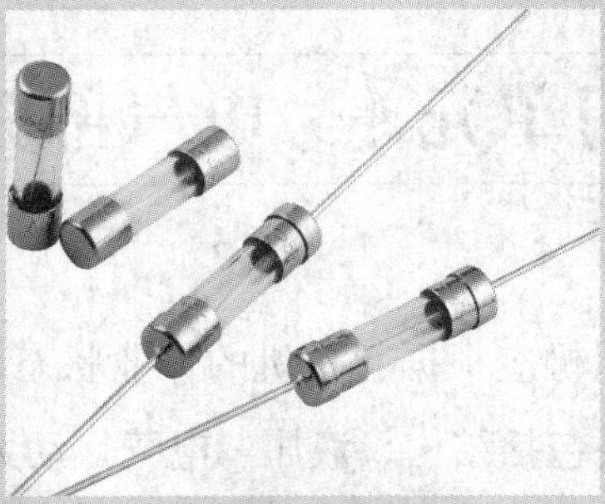	
	大电流断路器	在启动电路、主电源电路等大流量电路中起过载保护作用。线路短路、过载时，黄色手柄自动从接通位置跳到断开位置，断开电路	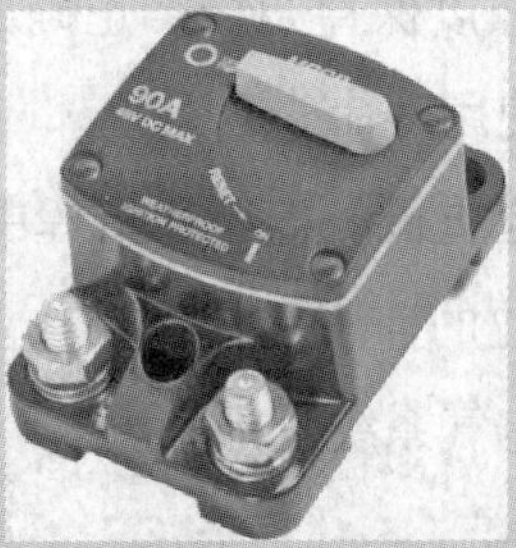	主线路、驾驶室、电瓶箱等
	瓷插式断路器	在小电流电路中起过载保护作用，手动复位。线路短路、过载时，中间复位装置跳起，断开电路		驾驶室、操纵室、电器盒、线束内等
灯泡	卤素灯泡	通过钨丝发热照明		主要用于雾灯、后尾灯、工作灯等

续表

类别	元件名称	元件功能	图示	常用部位
灯泡	氙气灯泡	利用高压气体放电照明		主要用于前照灯
	LED 灯泡	利用发光二极管通电时发光照明		主要用于仪表盘、侧标志灯、尾灯等
继电器	普通继电器	主要用于逻辑控制、功率放大驱动等。按引脚分为四脚、五脚等；按触点分为常开、常闭		驾驶室、操纵室、电器盒等
	片式继电器	主要用于逻辑控制、功率放大驱动等。按引脚分为四脚到十八脚；按触点分为常开、常闭	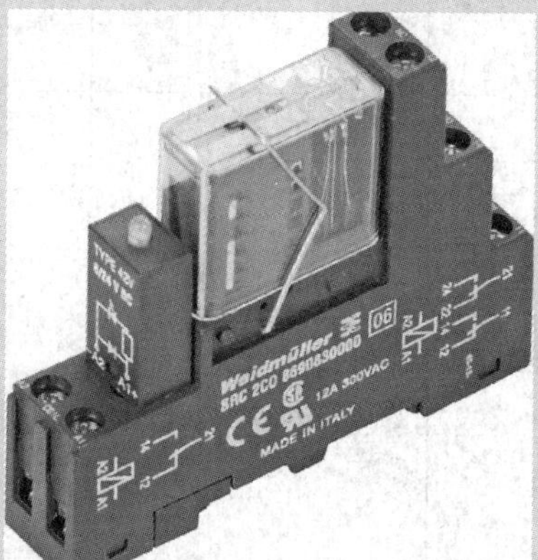	操纵室、电器盒等

续表

类别	元件名称	元件功能	图示	常用部位
继电器	闪光继电器	主要用于转向灯控制，按照一定时间间隔自动通、断，一般为三脚		驾驶室、操纵室、电器盒等
	电源继电器	主要用于整机电源的接通或关闭，一般有四根引线	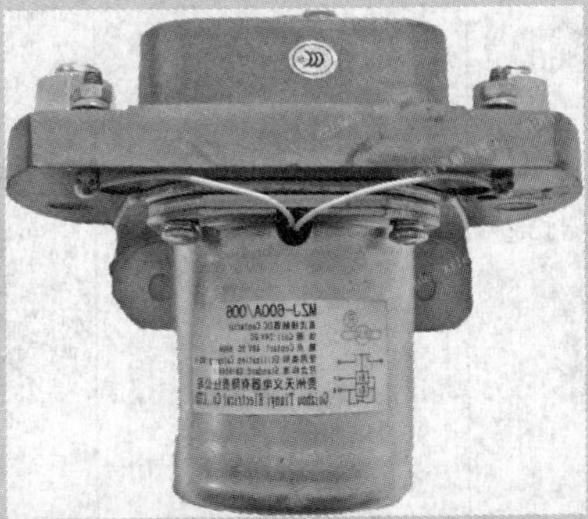	驾驶室、操纵室、电瓶箱等
开关	翘板开关	主要用于操控灯光、支腿等电器元件的接通或关闭。按触点分为常开、常闭；按复位方式分为自动复位、不自动复位、带锁止；按挡位分为两挡、三挡	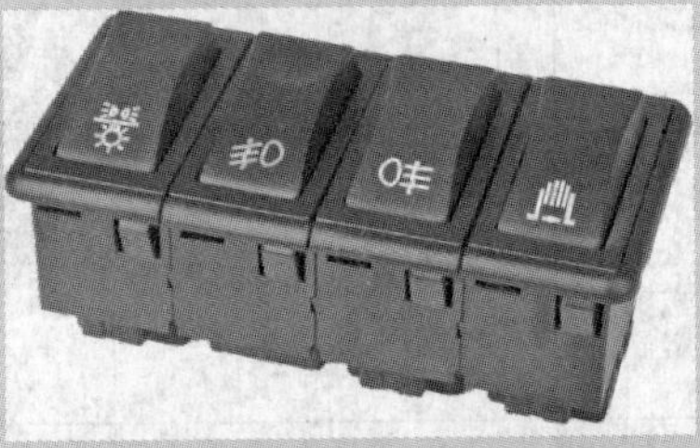	驾驶室、操纵室、支腿操纵盒等
	波段开关	主要用于操纵空调、音响、油门、作业模式、行驶模式等。挡位在三挡以上	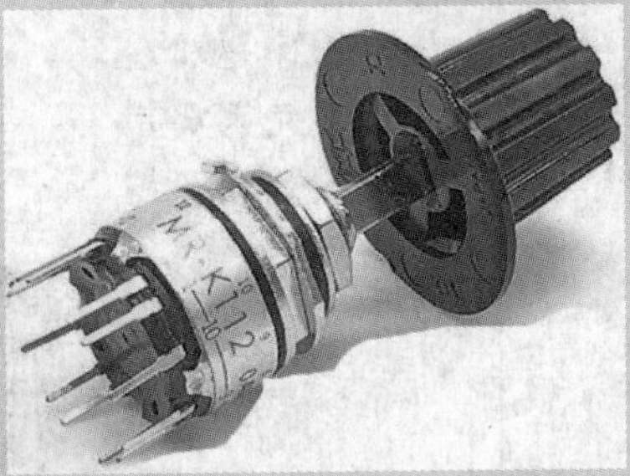	驾驶室、操纵室等

续表

类别	元件名称	元件功能	图示	常用部位
开关	钮子开关	主要用于操控支腿等接通或关闭。按触点分为常开、常闭；按复位方式分为自动复位、不自动复位；按挡位分为两挡、三挡		驾驶室、操纵室、支腿操纵盒等
	按钮开关	主要用于操控上车作业动作、底盘行驶动作、支腿伸缩等。按触点分为常开开关、常闭		驾驶室、操纵室、支腿操纵盒等
	电源总开关	主要用于控制电源导通或切断，两个挡位		驾驶室、围板、电瓶箱等

表 2-2　常见易损坏电气元件的检查与维护方法

元件名称	常见故障	检查方法	维护方法
瓷插式低压熔断器（保险片）	过流断路	拔出保险片，检查保险片内熔断丝是否熔断	取相同电流、相同安装形式的保险片，直接更换；如果继续断路，检查电路
	接触不良	在熔断丝盒内晃动保险片，观察是否松动；检查保险片管脚是否烧熔、老化	如果松动，直接插紧或调整安装座插片间隙；如果烧熔、老化，打磨管脚或更换
管式低压熔断器（保险管）	过流断路	拔出保险管，检查保险管内熔断丝是否熔断	取相同电流、相同安装形式的保险管，直接更换；如果继续断路，检查电路
	接触不良	摇晃保险管安装盒，观察保险管是否松动；检查保险管两端是否烧熔、老化	如果松动，更换两端弹簧或增加弹簧，调整安装座间隙；如果烧熔、老化，打磨管脚或更换
大电流断路器	过流断路	观察断路器上复位手柄，是否从接通状态跳转到断开状态	把复位手柄推到接通位置；如果继续断路，检查电路
	元件损坏	检查元件是否有烧糊味道，也可以借助万用表测量通断情况	取相同电流、相同安装形式的断路器，直接更换
瓷插式断路器	过流断路	观察断路器上中间位置的复位按钮，是否从接通状态的低位跳转到断开状态的高位	把复位按钮按到接通位置；如果继续断路，检查电路
	接触不良	在熔断丝盒内晃动片式断路器，观察是否松动；检查管脚是否烧熔、老化	如果松动，直接插紧或调整安装座插片间隙；如果烧熔、老化，打磨管脚或更换
	元件损坏	检查元件是否有烧糊味道，也可以借助万用表测量通断情况	取相同电流、相同安装形式的片式断路器，直接更换
卤素灯泡	烧毁不亮	从灯座中取出灯泡，观察灯丝是否有熔断、变黑等损坏现象	取相同电压、相同功率、相同安装形式的卤素灯泡，直接更换；如果继续不亮，检查电路
	时亮时不亮	将灯泡安装在灯座上，晃动灯泡观察是否松动；检查管脚是否烧熔、老化	如果松动，直接插紧或调整安装座插片间隙；如果烧熔、老化，打磨管脚或更换灯泡
氙气灯泡	烧毁不亮	从灯座中取出灯泡，观察灯丝是否有熔断、变黑等损坏现象	取相同电压、相同功率、相同安装形式的氙气灯泡，直接更换；如果继续不亮，检查电路
	时亮时不亮	将灯泡安装在灯座上，晃动灯泡观察是否松动；检查管脚是否烧熔、老化	如果松动，直接插紧或调整安装座插片间隙；如果烧熔、老化，打磨管脚或更换灯泡

续表

元件名称	常见故障	检查方法	维护方法
LED 灯泡	烧毁不亮	从灯座中取出灯泡，观察 LED 灯珠及线路板，是否有熔断、变黑等损坏现象	取相同电压、相同功率、相同安装形式的 LED 灯泡，直接更换；如果继续不亮，检查电路
	时亮时不亮	将灯泡安装在灯座上，晃动灯泡观察是否松动；检查管脚是否烧熔、老化	如果松动，直接插紧或调整安装座插片间隙；如果烧熔、老化，打磨管脚或更换灯泡
普通继电器、片式继电器	接触不良	将继电器安装在支座上，晃动继电器观察是否松动；检查管脚是否烧熔、老化	如果松动，直接插紧或调整安装座插片间隙；如果烧熔、老化，打磨管脚或更换
	线圈烧坏	将继电器安装在支座上，通电，操作相应动作使线圈通电，检查有没有“咔嚓”声、继电器温度有没有升高，如果没有继电器线圈可能烧坏；也可以借助万用表测量线圈是否断路	取相同电压、相同电流、相同安装形式、相同管脚、相同功能的继电器，直接更换；如果继续不工作，检查电路
	触点烧坏	如果继电器线圈正常工作，检查继电器输出是否受控通、断，可以通过观察继电器控制的电路是否通断判断，也可以借助万用表测量输出触点判断	取相同电压、相同电流、相同安装形式、相同管脚、相同功能的继电器，直接更换；如果继续不工作，检查电路
闪光继电器	接触不良	将继电器安装在支座上，晃动继电器观察是否松动；检查管脚是否烧熔、老化	如果松动，直接插紧或调整安装座插片间隙；如果烧熔、老化，打磨管脚或更换
	线圈烧坏	将继电器安装在支座上，通电，操作相应动作使线圈通电，检查有没有间歇性“咔嚓”的通断声，如果没有继电器线圈可能烧坏；也可以借助万用表测量线圈是否断路	取相同电压、相同电流、相同安装形式、相同管脚、相同功能的继电器，直接更换；如果继续不工作，检查电路
	触点烧坏	如果继电器线圈正常工作，检查继电器输出是否受控间歇性通、断，可以通过观察继电器控制的电路是否通断判断，也可以借助万用表测量输出触点判断	取相同电流、相同安装形式、相同管脚、相同功能的继电器，直接更换；如果继续不工作，检查电路
电源继电器	启动时驱动能力不够或通电时有时无	检查继电器上线圈、控制触点等螺栓是否安装牢固	紧固线路安装螺栓

续表

元件名称	常见故障	检查方法	维护方法
电源继电器	继电器不工作	将继电器安装在支座上，操作相应动作使线圈通电，检查有没有“咔嚓”的通断声，如果没有继电器线圈可能烧坏；如果有声音，可能触点烧坏；也可以借助万用表测量线圈、触点是否正常	取相同电压、相同电流、相同安装形式、相同管脚、相同功能的继电器，直接更换；如果继续不工作，检查电路
翘板开关、波段开关、钮子开关	接触不良	将开关安装在支座上，晃动开关观察是否松动；检查管脚是否烧熔、老化	如果松动，直接插紧或调整安装座插片间隙；如果烧熔、老化，打磨管脚或更换
	开关损坏时有时无或不起作用	操作开关观察控制电路是否受控；也可以拆除开关，借助万用表，用手控制开关通断，测量开关是否正常	取相同电流、相同安装形式、相同管脚、相同功能的开关，直接更换；如果继续不工作，检查电路
按钮开关	接触不良	晃动开关或开关的电路板插头，观察是否松动；检查管脚是否烧熔、老化	如果松动，直接插紧或调整安装座插片间隙；如果烧熔、老化，打磨管脚或更换
	开关损坏时有时无或不起作用	操作开关观察控制电路是否受控；也可以拆除开关，借助万用表，用手控制开关通断，测量开关是否正常	取相同电流、相同安装形式、相同管脚、相同功能的开关，直接更换；如果开关安装在电路板上，直接更换电路板；如果继续不工作，检查电路
电源总开关	接触不良	晃动电源总开关上各个连线，观察是否松动；检查管脚是否烧熔、老化	如果松动，直接扭紧；如果烧熔、老化，打磨管脚或更换
	开关不起作用	将驾驶室点火钥匙打到“ON”通电挡，操作电源总开关观察整车是否受控；也可借助万用表，用手控制开关通断，测量开关是否正常	取相同电压、相同电流、相同安装形式、相同管脚、相同功能的开关，直接更换；如果继续不工作，检查电路

学习单元 2　操纵室的检查与调整

起重机操纵室安装在起重机转台上，是汽车吊司机完成起重机的吊运操作、获取起重机运行信息的主要机构，同时操纵室也能为汽车吊司机提供一定的安全防护。

一、检查与调整紧固件

常见的起重机操纵室主要分为固定式操纵室、可翻转式操纵室和拐臂式操纵室三类，如图 2–1 所示。固定式操纵室依靠紧固件固定在转台上，不可改变位置，也不可改变俯仰角度，主要用于中小吨位起重机；可翻转式操纵室可以通过液压油缸等改变操纵室的俯仰角度，便于汽车吊司机观察工作环境，主要用于中大吨位起重机；拐臂式操纵室，可以通过液压油缸等改变操纵室的位置和俯仰角度，便于汽车吊司机观察工作环境，也便于起重机作业时的总体布置，主要用于大吨位起重机。

a）

b）

c）

图 2–1　操纵室类别

a）固定式操纵室　b）可翻转式操纵室　c）拐臂式操纵室

1. 操纵室紧固件

起重机行驶过程中的振动容易导致操纵室紧固件松动，汽车吊司机日常应对操纵室坚固件进行检查，确保操纵室及其零部件固定安全牢靠。操纵室常见紧固件见表 2–3。

表 2–3　操纵室常见紧固件

类别	元件名称	图示	元件功能	常用部位
固定式	螺栓		固定作用，将操纵室与转台连接一体	操纵室与转台连接部位

续表

类别	元件名称	图示	元件功能	常用部位
固定式	支架		支撑操纵室，使操纵室与转台连接	
翻转式	销轴		固定、中心轴作用，使操纵室可以沿销轴翻转	操纵室翻转用连接部位
	支架		支撑操纵室，使操纵室与转台连接	
	翻转油缸	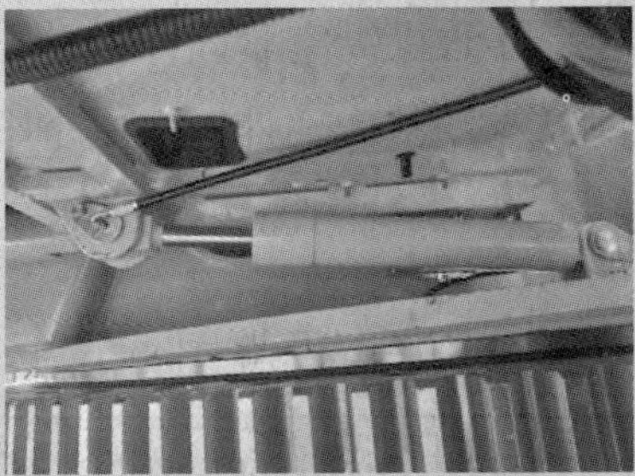	依靠油缸的伸缩，实现操纵室翻转	
拐臂式	摆动减速机		依靠液压马达驱动，通过拐臂带动操纵室旋转	操纵室旋转、翻转用连接部位

续表

类别	元件名称	图示	元件功能	常用部位
拐臂式	翻转油缸		依靠油缸的伸缩，实现操纵室翻转	
	拐臂支架		固定作用，使操纵室可以翻转	

2. 操纵室紧固件检查与调整方法

汽车吊司机日常检查与调整操纵室部件时，应使起重机处于停机熄火状态，通过观察或借助扳手等工具进行检查，所更换的元件必须符合起重机维修手册中要求的相同型号和规格。操纵室常见紧固件的检查与调整方法见表 2–4。

表 2–4 操纵室常见紧固件的检查与调整方法

元件名称	常见故障	检查方法	调整方法
螺栓	松动	观察螺母弹垫是否压实、无闪缝	取相对应的扳手，按照规定的螺栓扭矩进行紧固，确保弹垫压实
	脱落	观察操纵室连接螺栓是否正常	如果有脱落，及时补充，并按照规定的螺栓扭矩进行紧固
支架	锈蚀	观察支架油漆是否脱落，表面是否有锈蚀	用砂纸打磨锈蚀处，处理完成后喷涂油漆
	焊缝裂纹	检查支架焊接部位是否裂纹	用焊机进行补焊，并做防锈处理
翻转油缸	活塞杆漏油	观察活塞杆表面是否有液压漏出	更换油封或油缸
连接销轴	脱落	观察连接销轴上的固定别针开口是否不足 90°	更换新别针，并使开口处于大于 90° 状态

二、检查与调整门、窗元件

汽车吊司机日常应对操纵室门、窗等元件进行检查与调整，保证门、窗开启关闭功能正常。

1. 操纵室门、窗元件

常见操纵室门、窗元件的功能和常用部位见表 2–5。

表 2–5　常见操纵室门、窗元件的功能和常用部位

类别	元件名称	图示	元件功能	常用部位
门	门锁		将操纵室门锁闭	安装于操纵室门上，带有拉手开关
	铰链		操纵室门开启或关闭时的旋转部件	门与操纵室连接位置
	轨道		推拉门的滑轨，使操纵室门前后移动	门与操纵室连接位置

续表

类别	元件名称	图示	元件功能	常用部位
窗	锁扣		门窗锁止开关	操纵室门窗上
	玻璃窗		用于观察室外情况	前挡风、顶棚、侧窗
	救生锤		可以快速击破玻璃，是一种辅助逃生工具	固定在操纵室内容易取到的位置

2. 操纵室门、窗元件的检查与调整方法

汽车吊司机日常检查与调整操纵室门、窗元件时，应使起重机处于停机熄火状态，通过观察或借助扳手、旋具等工具进行检查，所更换的元件必须符合起重机维修手册中要求的相同型号和规格。常见操纵室门、窗元件检查与调整方法见表 2–6。

表 2–6　常见操纵室门、窗元件的检查与调整方法

元件名称	常见故障	检查方法	调整方法
门锁	锁芯卡滞	使用钥匙开关锁芯，检查门锁开关是否正常	直接更换
铰链	卡滞	开关操纵室门，观察旋转位置是否顺畅	涂抹润滑油
轨道	变形	观察轨道是否变形，造成推拉门有卡滞	修复变形位置
	卡滞	开关操纵室门，观察推拉是否顺畅及运动轴承是否卡滞	若有卡滞，涂抹润滑油；若轴承损坏，直接更换
锁扣	断裂	观察锁扣是否能够扣住门窗	直接更换
玻璃窗	破裂	观察玻璃是否有破裂现象	直接更换
	密封条老化、龟裂	检查玻璃窗是否漏水；检查密封胶条是否老化、龟裂	直接更换
遮阳帘	收放卡滞	观察遮阳帘收放是否正常，帘布是否损坏	直接更换

三、检查与调整雨刮器

雨刮器指安装在前挡风玻璃和顶棚玻璃上的片式机构，由电动机、减速器、连杆机构、刮水臂心轴、刮水片等组成，主要作用是扫除挡风玻璃上妨碍视线的雨雪和尘土，可分为前雨刮器和顶棚雨刮器两类，如图 2–2 所示。

a）

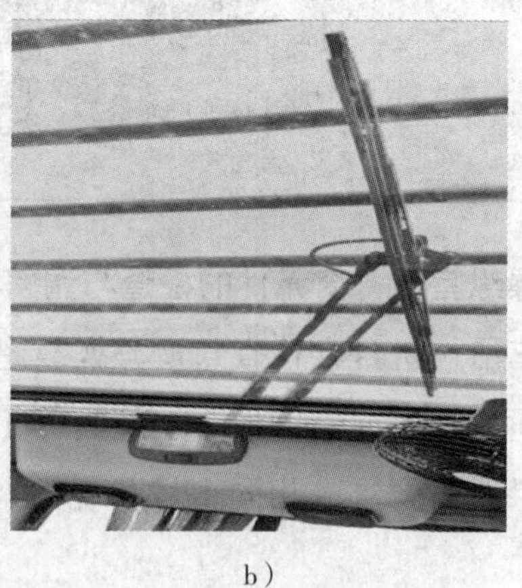
b）

图 2–2　操纵室雨刮器形式

a）前雨刮器　b）顶棚雨刮器

1. 雨刮器部件及组成

汽车吊司机日常检查雨刮器部件时，应首先了解其组成及功能。常见雨刮器组成部件见表 2–7。

表 2–7 常用雨刮器组成部件

部件名称	图示	元件功能	常用部位
电动机		驱动减速器运动，实现减速增扭	操纵室内，与减速器一体
四连杆机构	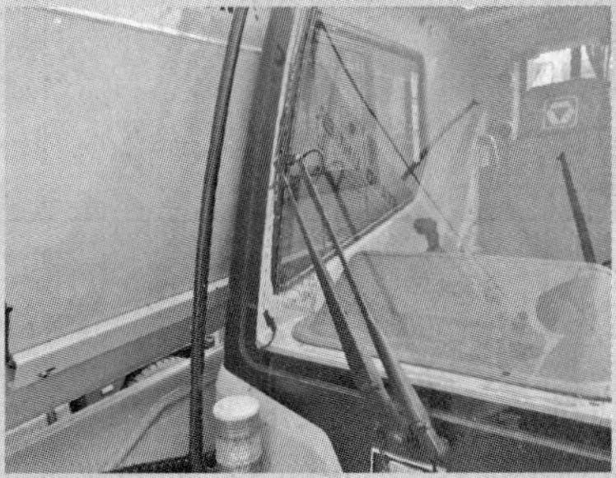	将减速器的连续旋转运动改变为左右摆动	挡风玻璃前
刮水片		与挡风玻璃贴合，电动机转动带动刮水片擦除玻璃上的雨水及尘土	与连杆机构固定一体
喷水嘴	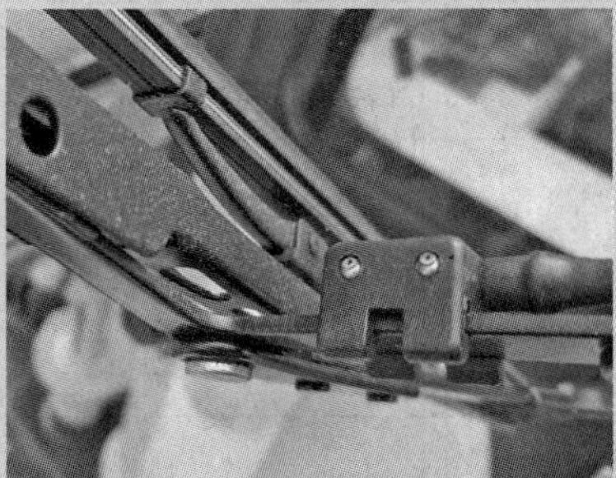	向挡风玻璃上喷玻璃水	挡风玻璃前

续表

部件名称	图示	元件功能	常用部位
调节螺母		调节刮水机构运动位置	减速器输出轴与连杆机构
储水壶		存储玻璃液	操纵室内部

2. 雨刮器检查与调整方法

汽车吊司机日常检查和调整雨刮器部件时，应使起重机处于停机熄火状态，通过操作控制按钮观察雨刮器是否存在故障问题，所更换的部件必须符合起重机维修手册中要求的相同型号和规格。常见雨刮器部件检查与调整方法见表 2–8。

表 2–8　常见雨刮器部件的检查与调整方法

部件名称	常见故障	检查方法	调整方法
电动机	无动作	操作开关观察控制电路是否受控；也可以借助万用表，测量电动机是否正常	如短路，直接更换；如断路，检查控制开关电路
四连杆机构	运动位置失效	操作开关，观察运动位置是否正常	若刮水位置偏，松开调节螺母，将机构调节到正常位置后，再将螺母锁死
刮水片	变形	观察刮水片胶皮是否变形，是否造成刮水留痕	更换刮水片
喷水嘴	堵塞	操作喷水开关，观察喷水是否正常	若喷水不畅，可用较细铁丝进行喷嘴疏通，同时可对喷嘴角度进行调节
调节螺母	松动	操作开关，观察连杆机构运动是否正常	使用相应工具，紧固螺母

续表

部件名称	常见故障	检查方法	调整方法
储水壶	破裂	观察储水壶是否有破裂现象	直接更换
喷水电机	不工作	操作开关观察控制电路是否受控；也可以借助万用表，测量电动机是否正常	如短路，直接更换；如断路，检查控制开关电路

学习单元 3　液压部分的日常检查与维护

汽车吊司机日常应根据起重机的作业状态、服役情况以及使用环境，对起重机液压系统（主要包括管路、接头、液压油、液压元件等）进行定期进行检查与维护，并做好详细的检查记录，加以保存归档。正确的检查与维护有助于确保作业的安全性，也能延长起重机的使用寿命。

一、液压管路漏油的检查与维护

汽车起重机液压系统在出现故障前，往往会出现一些小的异常现象，因此在日常的检查与维护中，应及早发现并消除这些异常，降低较大故障的发生风险。日常检查通常用目视、耳听、手触等简单的方法对元件的胶管、硬管、接头、密封等进行检查。

1. 常见液压管路元件

起重机常见液压管路元件见表 2–9。

表 2–9　起重机常见液压管路元件

元件名称	图示	元件功能	常用部位
硬管		用于输送液压系统中的高压油液至工作装置	常用非运动部位元件连接

续表

元件名称	图示	元件功能	常用部位
管接头		连接管路或将管路装在液压元件上	管路连接，阀体安装
密封圈		在规定的压力、温度下，于静止或运动状态时起密封作用	用于液压元件结合面或管接头中
高压胶管		用于输送液压系统中的高压油液至工作装置	常用运动部位元件连接
低压胶管		用于输送液压系统中的低压油液	液压油泵的吸油管

2. 液压管路漏油的检查与维护方法

液压系统漏油分为外漏和内漏，外漏一般会造成液压油污染、液压系统进入空气以及环境污染等问题，内漏会造成动作缓慢，驱动无力等问题。日常主要进行外漏的检查与维护。汽车吊司机日常检查和更换部件时，应将起重机处于停机熄火状态，通过观察或借助扳手等进行检查，所更换的元件必须符合起重机维修手册中要求的相同型号和规格。常见液压漏油检查与维护方法见表 2–10。

表 2–10 常见液压漏油检查与维护方法

元件名称	常见故障	检查方法	维护方法
胶管	破裂	观察液压油管有无渗漏油现象	直接更换
管接头	漏油	观察管接头在车辆工作状态下是否有渗漏油现象	使用相应规格的扳手，按照规定的扭矩，进行接头紧固；检查接头内部的密封圈是否需要更换
液压元件	结合面漏油	观察管接头在车辆工作状态下是否有渗漏油现象	使用相应规格的扳手，按照规定的扭矩，进行接头紧固；检查接头内部的密封圈是否需要更换
硬管	破裂砂眼	观察硬管及焊接部位在车辆工作状态下是否有渗漏油现象	如有渗漏油，直接更换

二、管夹的日常检查与维护

管夹是将导轨焊接在基础上，用上下两个半管夹把需要固定的管路用螺钉固定的装置。管夹的作用是防止因管路振动造成接头松动漏油，同时还可以避免机构运动时管路移动。管夹日常检查与维护方法见表 2–11。

表 2–11 管夹日常检查与维护方法

元件名称	图示	检查方法	维护方法
固定螺栓		观察螺栓固定是否牢靠、无松动	如松动，紧固；如脱落，更换
管夹导轨		观察开口是否均匀、无变形	如变形小，调整；如变形大，更换

续表

元件名称	图示	检查方法	维护方法
管夹卡口		检查卡口尺寸与油管是否相符	如尺寸不当，更换相应规格；如变形小，调整；如变形大，更换
管夹螺母		检查螺母与导轨卡扣是否牢靠	如松动，紧固；如脱落，更换

三、管路的检查与维护

汽车吊司机日常应对起重机的管路进行检查，防止因老化、扭曲等问题造成管路损坏，从而影响起重机的作业性能。管路日常检查与维护方法见表 2–12。

表 2–12　管路日常检查与维护方法

元件名称	图示	检查方法	维护方法
管路		观察管路表面是否有脱皮、破裂	直接更换
管路	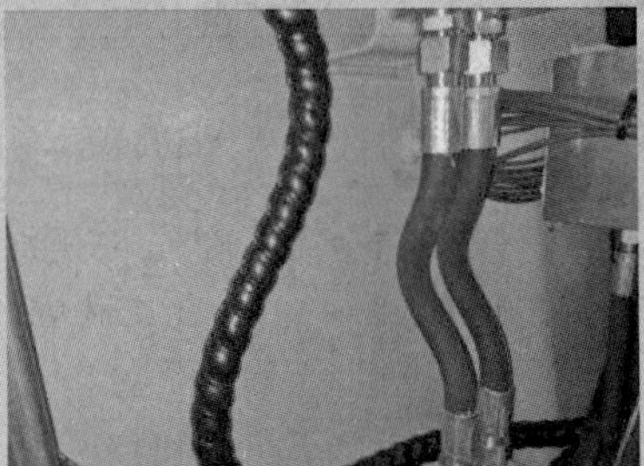	观察管路安装是否顺畅无扭弯	将管路两端接头拆松，重新安装管路

续表

元件名称	图示	检查方法	维护方法
管路		检查胶管有无破裂	直接更换
接头		检查接头有无破裂、焊道有无砂眼	直接更换

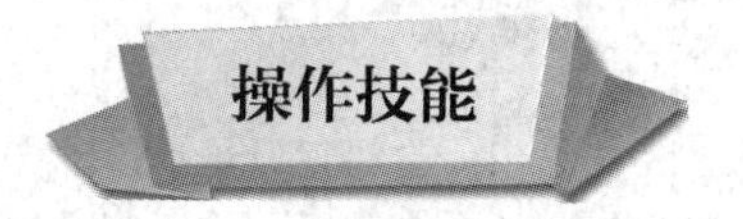

【操作任务】

请汽车吊司机更换刹车灯灯泡。

一、操作准备

1. 实训场所：室外开阔地面（30 m×30 m）。

2. 物品准备：25 t 汽车起重机 1 台（停放于场地正中间）；烧坏的刹车灯泡 2 只，新刹车灯泡 2 只（其中只有 1 只灯泡功率与起重机上配置的一致）；万用表 1 块；维修保养随车工具 1 套。发动机熄火，变速手柄置于 3 挡，松开驻车制动手柄，用烧坏刹车灯泡更换右边刹车灯泡，提前说明刹车灯可能有故障。

二、操作步骤

步骤 1：检查起重机状态是否符合检查与维护的条件。

步骤 2：把变速操纵手柄置空挡。

步骤 3：实施驻车制动。

步骤 4：通电，踩刹车，判断出故障的刹车灯位置。

步骤 5：拆开刹车灯、取出灯泡。

步骤 6：判断灯泡故障类型与处理方法。

步骤 7：从新、旧刹车灯泡中找出正确的灯泡。

步骤 8：更换灯泡，安装刹车灯部件。

步骤 9：通电，判断刹车灯的维修结果。

步骤 10：断电。

培训课程 2 起重机保养

学习单元 1 机构润滑保养

起重机的机构润滑保养是提高机构工作质量、降低机构磨损、延长机构使用寿命、保障机构运行安全的基础。汽车吊司机应按照起重机产品维护保养手册检查润滑点、润滑周期和润滑剂的油位，使用规定型号的润滑剂为机构进行润滑保养。由于不同起重机的机构有一定的差异性，本教材以某起重机为例介绍机构润滑保养方法，可作为机构润滑保养工作的参考。

一、机构润滑保养位置

起重机需要润滑的机构部位包括所有齿轮、轴承、回转支承、工作机构各铰点轴、钢丝绳、滑轮、支腿及伸缩臂各滑块、伸缩臂滑道表面、转向节、转向摇臂、转向拉杆等，按照主功能划分，主要包括作业部分机构润滑与行驶部分机构润滑。

1. 作业部分机构润滑

起重机日常保养的作业部分机构润滑点如图 2–3 所示。

2. 行驶部分机构润滑

起重机日常保养的行驶部分机构润滑点如图 2–4 所示。

二、机构润滑保养方法

机构润滑保养时，应严格按照基本要求操作，保证保养过程中起重机及人员的安全，避免伤害。

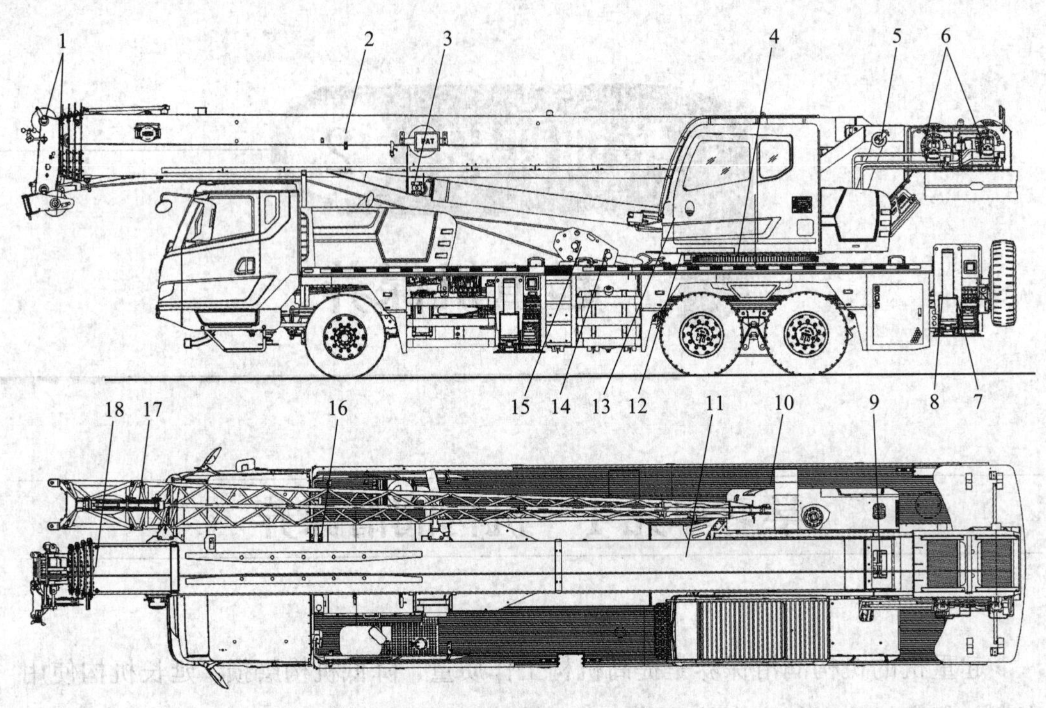

图 2–3　作业部分机构润滑点

1—吊臂头部滑轮　2—各节臂滑块经过的外表面　3—变幅缸上下铰点　4—回转支承啮合齿面　5—吊臂后铰点　6—主副卷扬轴承座　7—支腿导轨上下表面　8—支腿调节滑块　9—吊臂尾部滑块　10—副臂导向轮　11—卷扬钢丝绳　12—回转机构小齿轮齿面　13—操纵室车门铰链　14—吊钩横梁　15—吊钩滑轮　16—副臂滑轮　17—臂端滑轮　18—吊臂头部滑块

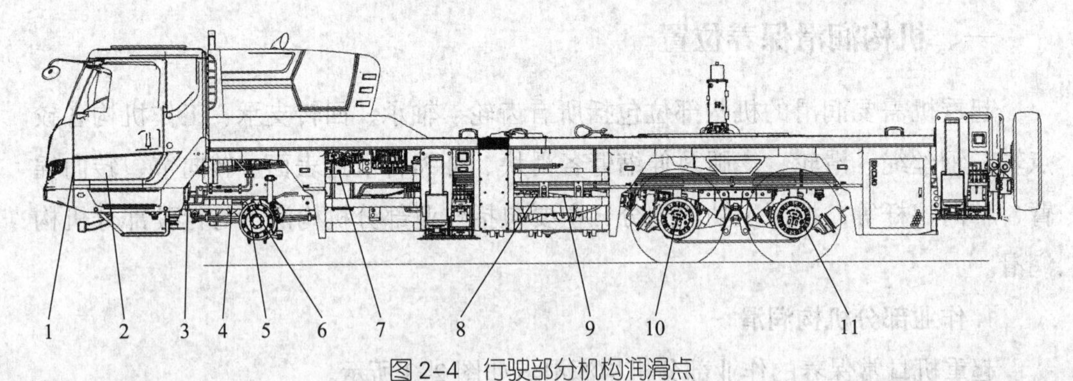

图 2–4　行驶部分机构润滑点

1—驾驶室车门铰链　2—油门及制动踏板轴　3—驾驶室悬挂　4—转向节主销及轴承　5—转向拉杆球头　6—推力杆球头　7—变速箱　8—传动轴伸缩花键　9—传动轴万向节　10—轮毂轴承　11—前后制动凸轮轴

1. 机构润滑基本要求

（1）按照起重机产品要求的周期保养，发现机构异常磨损应提前保养。

（2）按照起重机产品的要求，选择加注的润滑油、润滑脂。

（3）保养前应清洗起重机，避免各机构在保养过程中被污染，并检查润滑系统是否能正常将润滑剂输送至运动机构。

（4）在加注润滑脂之前，必须清扫油杯及需要涂抹润滑脂物体的表面。

（5）在润滑时，应使机器处于静止状态，所有的控制器处于关闭位置，确保保养作业不会引起意外动作，危害起重机和人员的安全。

（6）表面涂抹油脂应覆盖机构全部表面。

（7）对于通过输送机构输送润滑油脂的机构或带有盛放润滑油脂容器的机构，应保证所添加的润滑油脂同时符合该机构和起重机产品的要求。

（8）吊臂收存到吊臂支架上时，如果吊臂变幅油缸活塞杆一部分露出，应每月对露出的部分涂抹一次润滑脂。

（9）对各节臂滑块经过的外表面涂抹润滑油脂时，首先应按照保养工况中设定的组合方式伸缩吊臂，然后将吊臂下降到负变幅角度，最后分别对各节吊臂涂抹润滑油脂。

（10）废弃润滑油脂应根据当地环境法规进行处理，禁止在下水管道、地表、河流等处随意倾倒。

2. 作业机构润滑方法

润滑保养作业机构时，应把起重机停在开阔平坦的地面上，全伸支腿并调平起重机，实施手制动。如果需要进行伸缩吊臂等操作，应低速操作。具体机构保养方法和使用的油脂见表 2–13。

表 2–13　常见作业机构润滑方法

序号	润滑部位	保养周期	常用油脂	常用保养方法
1	吊臂头部滑轮	每周或使用前	2 号锂基润滑脂	油枪加注
2	各节臂滑块经过的外表面	每周	2 号锂基润滑脂	手工涂抹
3	变幅缸上下铰点	每周	2 号锂基润滑脂	油枪加注或集中润滑加注
4	回转支承啮合齿面	每周	2 号锂基润滑脂	手工涂抹
5	吊臂后铰点	每周	2 号锂基润滑脂	油枪加注或集中润滑加注
6	主副卷扬轴承座	每周	2 号锂基润滑脂	油枪加注或集中润滑加注
7	支腿导轨上下表面	每月	2 号锂基润滑脂	手工涂抹
8	支腿调节滑块	每月	2 号锂基润滑脂	手工涂抹
9	吊臂尾部滑块	每周	2 号锂基润滑脂	油枪加注

续表

序号	润滑部位	保养周期	常用油脂	常用保养方法
10	副臂导向轮	使用前	2号锂基润滑脂	油枪加注
11	卷扬钢丝绳	每周	2号锂基润滑脂	手工涂抹
12	回转机构小齿轮齿面	每周	2号锂基润滑脂	手工涂抹
13	操纵室车门铰链	6个月	2号锂基润滑脂	手工涂抹
14	吊钩横梁	每周或使用前	2号锂基润滑脂	油枪加注
15	吊钩滑轮	每周或使用前	2号锂基润滑脂	油枪加注
16	副臂滑轮	使用前	2号锂基润滑脂	油枪加注
17	臂端滑轮	使用前	2号锂基润滑脂	油枪加注
18	吊臂头部滑块	每周	2号锂基润滑脂	手工涂抹

3. 行驶机构润滑方法

润滑保养行驶机构时，应把起重机停在开阔、平坦的地面上，将发动机熄火，实施手制动。如果需要转向、转动轮胎等操作，应低速操作。具体机构保养方法和使用的油脂见表2–14。

表2–14　常见行驶机构润滑方法

序号	润滑部位	保养周期	常用油脂	常用保养方法
1	驾驶室车门铰链	6个月或5 000 km	2号锂基润滑脂	油枪加注
2	油门及制动踏板轴	6个月或5 000 km	2号锂基润滑脂	油枪加注
3	驾驶室悬挂	6个月或5 000 km	2号锂基润滑脂	油枪加注
4	转向节主销及轴承	6个月或5 000 km	2号锂基润滑脂	手工涂抹
5	转向拉杆球头	6个月或5 000 km	2号锂基润滑脂	手工涂抹
6	推力杆球头	6个月或5 000 km	2号锂基润滑脂	油枪加注
7	变速箱	20 000 km	GL–5重负荷齿轮油	手动加注
8	传动轴伸缩花键	6个月或5 000 km	2号锂基润滑脂	油枪加注
9	传动轴万向节	6个月或5 000 km	2号锂基润滑脂	油枪加注
10	轮毂轴承	6个月或5 000 km	2号锂基润滑脂	油枪加注
11	前后制动凸轮轴	6个月或5 000 km	2号锂基润滑脂	油枪加注

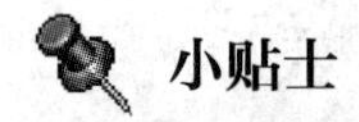

小贴士

手动黄油枪使用方法

1. 把枪的头部从枪筒中取出。
2. 把活塞拉到上顶端。
3. 把打开的黄油筒插入枪筒中。
4. 固定黄油筒，安装枪头。
5. 反复抽拉活塞使活塞压紧黄油。
6. 把枪头对准涂抹润滑脂的部位、打出黄油。

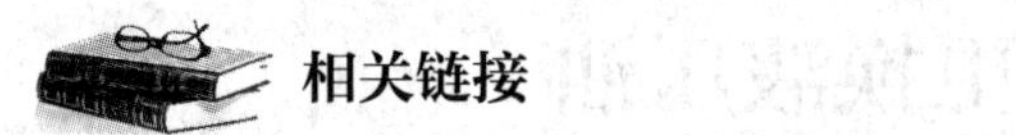

相关链接

维护保养不当典型案例

每个起重机制造商都制定了严格的维护保养手册，起重机的使用者应按要求进行维护保养。起重机作为工程车辆，长期放置在室外，作业环境恶劣，作业强度大，如果不按要求进行机构、结构、油液保养，可能造成起重机机构失控等重大事故。

【案例一】

2009 年 3 月 18 日，在上海市发生一起国外某知名品牌的 500 t 起重机由于缺乏维护保养造成的机构失控事故。事故发生时，准备作业的工况是要求主臂臂长 78 m（每节外伸臂伸至 92%），用超起装置作业，使用 80 t 起重钩。七、六、五、四、三节臂依次伸到 92% 位置，二节臂向外伸的过程中，突然所有臂节瞬间回缩。事故造成伸缩缸爆裂，七节臂距尾部 3 m 左右筒体变形，二、三、五、六节臂 92% 销孔翘曲撕裂，所有尾部臂销孔变形，五节臂臂销螺栓断裂，多名人员重伤等严重后果。事故的主要原因是五节臂臂销因润滑不好、脏物进入、弹簧复位不好，导致五节臂臂销插入四节臂 92% 销孔时，并没有完全到位，臂销防脱倒刺未起作用。在二节臂伸出过程中，由于超起钢丝绳的收放与臂的伸出协调不好，造成了臂整体的上下颤动，五节臂尾部发生瞬时下挠，致使五节臂臂销脱落，五节臂迅速缩回，巨大的冲击造成其他臂节相继出现破坏并缩回。

【案例二】

2013 年 4 月 3 日，在江西南昌，一台 260 t 起重机由于维护保养不当在行驶中自燃。该起重机刚刚完成发动机的维护保养，车辆在赶往工地过程中，突然发现发动机处着火，主要原因是发动机在维护保养时，有 1 个喷油嘴没有安装到位。事故造成起重机底盘报废、上车基本臂报废、操纵室报废等恶劣后果。

学习单元 2　更换液压油

液压油是起重机工作的主要介质，汽车吊司机应严格按照产品维护保养手册要求，及本教材“作业前检查”中“检查油液”的“液压油使用标准”，及时更换液压油。

一、液压油存储与工作的载体

液压油主要储存在液压油箱里，工作时进入到各个液压元件。液压油在整机的位置见表 2-15。

表 2-15　液压油存储与工作的载体

液压	图示	主要功能	安装位置
液压油箱		存储液压油、散热	一般安装在起重机底盘上；对于使用双发动机工作的大吨位起重机，底盘和转台各安装一个液压油箱

续表

液压	图示	主要功能	安装位置
液压油泵		把液压油从油箱中抽出，转换为高压油	一般安装在变速箱后面，也可以通过联轴器安装在工作装置附近
液压油缸	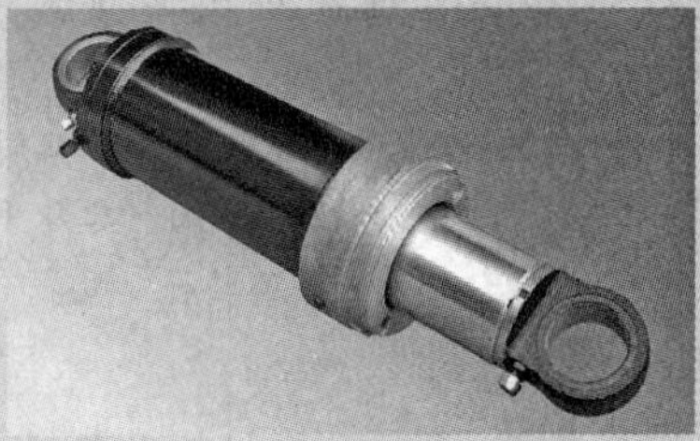	利用液压传动、活塞原理，为起重机各直线运动部件提供支撑动力	一般安装在支腿上的垂直油缸和水平油缸、变幅上的变幅油缸、吊臂里的伸缩油缸等部位
液压马达		驱动工作装置旋转	一般安装在主卷、副卷、回转体等部位
液压油管		用于连接各个液压元件，传递液压油	各个液压元件

续表

液压	图示	主要功能	安装位置
液压接头		用于连接各个液压元件，传递液压油	各个液压元件
液压阀		控制液压油的压力、流量、方向等，用于控制起重机动作	安装在控制或执行机构附近，如油泵调压阀、支腿多路阀、支腿双向锁、回转缓冲阀、上车多路阀、上车先导阀、起升平衡阀、变幅平衡阀等
蓄能器		用来存储液压能量，在需要的时候释放，也可以用作动作的缓冲	底盘悬挂油缸附近、上车多路阀附近
液压油散热器		用于液压油散热	一般安装在起重机转台的后方

续表

液压	图示	主要功能	安装位置
液压油过滤器		用于过滤液压油中铁屑及其他杂质	一般安装在液压油箱上的回油口上

二、液压油更换方法及注意事项

液压油的清洁度是保障起重机正常工作的重要指标，汽车吊司机应按照标准和产品使用说明书，及时、规范地更换液压油。

1. 液压油更换周期

液压油的使用寿命，不仅和起重机工作负荷密切相关，而且与油的使用时间相关，如果达到更换周期，即使起重机使用率不高，油品也会变质，需要及时更换。液压油的更换周期一般有如下规定。

（1）新起重机 3 个月后应更换或过滤液压油。

（2）3 个月后每 12 个月更换一次液压油。

（3）检查液压油油品变化情况时，若油品不符合本教材“作业前检查”中“检查油液”的“液压油使用标准”，应立即更换。

2. 液压油更换注意事项

起重机产品为液压传动，液压油的品质、黏度和清洁度，对起重机正常工作至关重要，更换液压油时应注意以下事项，否则极易导致各种故障，严重缩短起重机使用寿命。

（1）根据环境温度选用品牌、温度符合要求的液压油。

（2）在补给液压油时，所添加的油料必须与起重机正在使用的液压油牌号相同，不允许用不同牌号的液压油，否则会改变油的特性，对设备产生损害。

（3）无论何时发现液压油污染严重，都应及时过滤或更换，同时更换液压回油滤油器滤芯。

（4）废弃油料应根据当地环境法规要求处理，禁止在下水管道、地表、河流等处随意倾倒。

3. 液压油更换方法

液压油应按照以下方法和步骤更换。

（1）收回所有支腿、吊臂等工作装置，尽量让所有元件内的液压油返回到液压油箱中。

（2）起重机停放在平坦地面上，发动机熄火，实施手制动。

（3）保持环境清洁，防止灰尘、异物和水等进入液压系统。

（4）把接收废油的容器放在液压油箱下，打开加油口盖子。

（5）打开放油阀，放出所有液压油，也可用吸管吸出残余液压油。

（6）拆除液压油滤油器，更换滤油器滤芯，清洗滤油器。

（7）安装液压油滤油器。

（8）关闭放油阀门。

（9）通过滤油器滤网加注液压油，到油标尺显示的下限和上限之间，如图 2–5 所示。

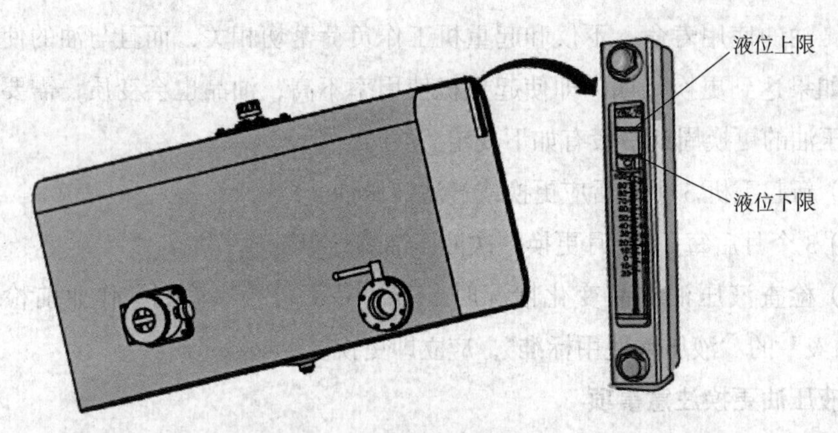

图 2–5　液压油箱和油标尺

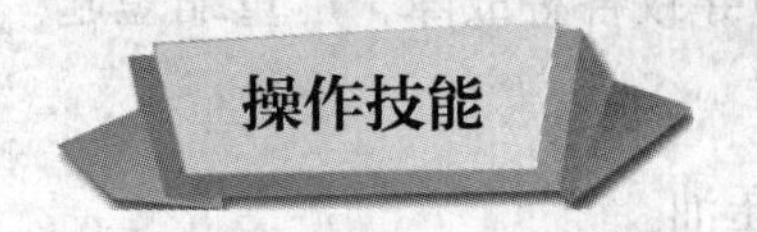

请汽车吊司机完成机构润滑保养。

一、操作准备

1. 实训场所：室外开阔地面（30 m × 30 m）。

2. 物品准备：25 t 汽车起重机 1 台（停放于场地正中间）；燃油若干；2 号锂基润滑脂若干；黄油枪 1 把；耐用手套若干；抹布若干。起重机支腿全伸、调平；吊臂伸出长度 20 m；回转到右前方 45°，4 倍率，变幅仰角 60°；吊钩释放距离地面 1 m 高度；起重机通电。

二、操作步骤

步骤 1：操作黄油枪，加满润滑脂。

步骤 2：找到吊钩横梁的运动机构。

步骤 3：用抹布清理干净残留污染物。

步骤 4：用黄油枪为吊钩横梁加注润滑油。

步骤 5：用抹布清理表面多余油脂。

步骤 6：找到吊钩滑轮的运动机构。

步骤 7：用抹布清理干净残留污染物。

步骤 8：用黄油枪为吊钩滑轮加注润滑油。

步骤 9：用抹布清理表面多余油脂。